浙江省健康影响评价工作手册

（2022 版）

省委省政府健康浙江建设领导小组办公室　组织编写

浙江省卫生健康监测与评价中心

ZHEJIANG UNIVERSITY PRESS
浙江大学出版社
·杭州·

图书在版编目（CIP）数据

浙江省健康影响评价工作手册：2022版 / 省委省政府健康浙江建设领导小组办公室组织编写. — 杭州：浙江大学出版社，2022.12

ISBN 978-7-308-23339-2

Ⅰ．①浙… Ⅱ．①省… Ⅲ．①环境影响－健康－评价－浙江－手册 Ⅳ．①X503.1－62

中国版本图书馆 CIP 数据核字（2022）第 231498 号

浙江省健康影响评价工作手册（2022版）

省委省政府健康浙江建设领导小组办公室　组织编写

责任编辑	张　鸽(zgzup@zju.edu.cn)
责任校对	季　峥
封面设计	续设计－黄晓意
出版发行	浙江大学出版社
	（杭州市天目山路 148 号　邮政编码 310007）
	（网址：http://www.zjupress.com）
排　　版	杭州朝曦图文设计有限公司
印　　刷	浙江省邮电印刷股份有限公司
开　　本	710mm×1000mm　1/16
印　　张	9.75
字　　数	200 千
版 印 次	2022 年 12 月第 1 版　2022 年 12 月第 1 次印刷
书　　号	ISBN 978-7-308-23339-2
定　　价	49.00 元

前　言

　　健康是促进人全面发展的必然要求,是经济社会发展的基础条件,是民族昌盛和国家富强的重要标志,也是广大人民群众的共同追求。建立健康影响评估制度,系统评价各项经济社会发展规划和政策、重大工程项目对健康的影响,是协调经济社会发展与居民健康之间关系的一种制度性安排,是贯彻健康优先理念的政策工具和具体方法,也是落实"把健康融入所有政策"的关键技术和重要手段,有助于提升政府科学决策能力和现代治理能力。浙江省自2018年开始就积极着手这方面的探索实践,结合前期省卫生健康委"浙江省健康影响评估制度研究"成果和2020—2021年省委省政府健康浙江建设领导小组办公室组织开展的全省健康影响评价试点工作经验,根据中国健康教育中心编著的《健康影响评价实施操作手册(2021版)》中的相关工作要求,在《浙江省公共政策健康影响评价工作手册(2021版)》的基础上,迭代形成了《浙江省健康影响评价工作手册(2022版)》。

　　本手册包括健康影响评价概述、健康影响评价工作的组织保障、公共政策健康影响评价的实施和重大工程项目健康影响评价的实施四部分内容,主要为我省各级政府、部门开展健康影响评价工作、推进健康影响评估制度建设提供技术路径和参考工具。期望各地在开展健康影响评价工作中结合实际参考应用,并及时提出宝贵意见,为今后本手册的进一步修订完善提供实践依据和经验借鉴。

　　本手册编写参考了部分资料文献,在此对原作者致以诚挚谢意。

目录 CONTENTS

第 1 部分　健康影响评价概述

第 2 部分　健康影响评价工作的组织保障

第3部分　公共政策健康影响评价的实施

第4部分　重大工程项目健康影响评价的实施

第 5 部分　参考案例

第1部分

健康影响评价概述

1.1　健康影响评价的起源

　　健康影响评价最初由环境影响评价制度（Environmental Impact Assessment，EIA）衍生而来。自 20 世纪 80 年代开始，人们意识到健康状态受社会、文化和物质环境以及个人行为特征等多种因素的影响。世界卫生组织在 20 世纪 80 年代提出环境健康影响评价（Environmental Health Impact Assessment，EHIA）的概念，在环境影响评价中加入健康影响评价内容。早期的健康影响评价研究及实践大多在加拿大、澳大利亚以及欧洲的一些发达国家，主要针对大型基础设施项目，主要形式是在环境影响评价流程中检视健康问题，即基于环境影响评价的实施建立健康影响模型，或与环境影响评价相结合形成健康影响评价报告。也有研究者指出，健康影响评价的另一个起源是政治科学和其他社会科学的政策评估。

　　20 世纪 90 年代，健康影响评价运动在加拿大和部分欧洲国家达到高潮，研究者对其定义和目标等方面进行探索，形成了较为成熟的理论体系。以英国和荷兰为早期代表，欧洲的健康机构和研究者积极探索健康影响评价理论框架，并开发出一系列健康影响评价工具。自 21 世纪开始，健康影响评价的发展更加多元化。欧洲、北美、非洲和亚太地区陆续进行健康影响评价实践，积累了丰富的经验，健康影响评价已经发展成为全球范围内的一项实践，对改善公民健康和促进健康公平发挥着重要作用。

　　世界卫生组织一直积极支持健康影响评价的发展。基于现有机制中公共机构在决策时常常未考虑政策对健康产生的影响，加上公众对不同机构共同承担健康责任的呼吁等因素，世界卫生组织于 1986 年即宣称健康影响评价应作为一个独立工作领域，并在《渥太华宪章》中指出："和平、住房、教育、食品、经济收入、稳定的生态环境、可持续的资源、社会的公正与平等是健康的必要条件，敦促所有部门的决策者要了解到他们的决策对健康带来的影响并承担相应的责任。"《渥太华宪章》要求"系统地评估环境的迅速改变对健康的影响，特别是在技术工作、能源生产和城市化的地区是极为重要的，并且必须通过健康促进活动以保证对公众的健康产生积极有利的影响"。1999 年，世界卫生组织欧洲健康政策中心发布《哥德堡共同声明》（*The Gothenburg*

Consensus Paper），认为健康影响评价有四种价值——民主、公平、可持续发展以及合乎伦理地使用证据。这为健康影响评价这个新兴领域提供了重要的合法依据。2013年，在芬兰赫尔辛基召开的第八届世界卫生组织全球健康促进大会提出了"将健康融入所有政策"，要求跨部门的公共政策能够系统地考虑政策对健康的影响，追求协同效应，避免有害健康的影响，以改善人群健康和卫生公平。

1.2 健康影响评价的定义

健康影响评价于1999年被世界卫生组织定义为：系统地判断政策、规划、项目（通常是多个部门或跨部门）对人类健康潜在的影响及影响在人群中分布情况的一系列程序、方法和工具，以减少健康不平等和改善卫生公平。

国际影响评价协会将健康影响评价定义为：一种集程序、方法和工具的组合，它能系统地判断出政策、计划、方案或项目对人群健康的潜在（或非预期）的影响及其在人群中的分布，并确定适宜的行动来管理这些影响。

健康影响评价的主要焦点是人类健康，但因其广泛地涉及经济、社会、环境等领域，这些领域绝大多数由卫生健康部门以外的部门管理，所以强有力的跨部门协作有助于健康影响评价的顺利进行并提升其开展成效。

健康影响评价的主要目标是确保在有关发展规划和决策过程的早期阶段就尽可能地考虑其中的健康决定因素，目的是识别出对社会和群众当前和未来健康的潜在危害，并提出相应的建议，尽可能避免因未能及时识别、评估和管理这些健康风险而错失改善健康的机会。

1.3 浙江省健康影响评价的工作基础和实践进展

1.3.1 工作基础

习近平总书记在2016年全国卫生与健康大会上做出重要指示："要全面建立健康影响评价评估制度，系统评估各项经济社会发展规划和政策、重大工程项目对健康的影响。"我国新时期卫生与健康工作方针和《"健康中国2030"规划纲要》《"十四五"国民健康规划》以及 2020 年 6 月 1 日实施的《中华人民共和国基本医疗卫生与健康促进法》均明确提出要落实"把健康融入所有政策"。2020 年 6 月,习近平总书记在主持召开专家学者座谈会时再次强调,要推动将健康融入所有政策,把全生命周期健康管理理念贯穿城市规划、建设、管理全过程各环节。国家卫生和计划生育委员会于 2014 年启动全国健康促进县(区)试点项目,要求在县(区)范围内全面实施"将健康融入所有政策"策略,开展跨部门行动,探索健康影响评价研究。目前,我国健康影响评价尚处于起步阶段。

1.3.2 实践进展

浙江省卫生健康委员会于 2017—2020 年开展"浙江省健康影响评估制度研究",探索健康影响评价基本要素及评价制度,为浙江省开展健康影响评价提供标准。2020 年 5 月,省委省政府健康浙江建设领导小组办公室(简称省健康办)出台《浙江省公共政策健康影响评价评估试点工作方案》,在全省部署开展健康影响评价试点工作,积极探索健康影响评估制度的实施路径。试点工作以"5+6"形式推进,"5"即丽水市、德清县、桐乡市、舟山市普陀区、临海市 5 个省级试点,"6"即杭州市、象山县、温州市龙湾区、新昌县、金华市金东区、常山县 6 个市级试点。2021 年,浙江省健康影响评价试点地区增加到 34 个(11 个省级试点和 23 个市级试点),试点的广度和深度进一步拓展,在全国形成一定的影响力。2021 年 4 月,"深化健康影响评价试点工作"已被列入《浙江省卫生健康事业发展"十四五"规划》。7 月,全国爱国卫生运动委员会办公室(简称爱卫办)下发《关于开展健康影响评价评估制度建设试点工作的通知》,通知决定在健康城市建设中开展健康影响评价评估制度建设试点工作,在试点范围上选择 1 个省份和其他各省份(含新疆生产建设兵团)的 1 个地市作为国家试点,浙江省成为全国唯一的健康影响评价评估省域试点;10 月,国家卫生健康委员会和浙江省人民政府签署了《关于支持浙江省卫生健康领域高质量发展建设共同富裕示范区的合作协议》,支持浙江省开展健康影响评价评估制度国家试点建设工作,率先建立"把健康融入所有政策"的工作机制。

两年来,各地根据省健康办的统一部署,因地制宜开展实践探索,在探索健康影响评估制度实施路径方面取得了突破,也取得了一定的成效。各级政府和相关部门"把健康融入所有政策"的理念进一步深化,涌现出一批健康影响评价示范试点地区,培养了一支覆盖省、市、县（市、区）三级的业务骨干队伍,形成了一批公共政策健康影响评价优秀案例,为今后浙江省各级政府建立健全健康影响评估制度、实施健康影响评价奠定了基础。

1.4 浙江省健康影响评估制度建设指导思想和基本原则

1.4.1 指导思想

以习近平新时代中国特色社会主义思想为指导,全面贯彻党的十九大、二十大和全国卫生与健康大会精神,按照实施健康中国战略总体要求,以"人民健康"为中心,树立大健康理念,坚持健康优先、统筹兼顾、科学有效、公平普惠的基本原则,推动落实"把健康融入所有政策",逐步将健康影响评价纳入各部门制定经济社会发展规划和政策、重大工程项目的全过程,发挥公共政策对公众健康的导向作用,全方位、全周期地保障人民健康。我省推动卫生健康领域共同富裕建设,既是卫生健康事业前所未有的重大发展机遇,也对卫生健康工作提出了更高要求。健康影响评价评估制度建设国家试点工作体现了对健康治理机制的重构,通过开展有针对性、富创新性的先行先试,力争浙江经验的可复制和可推广,当好全国卫生健康领域共同富裕的"探路先锋"。

1.4.2 基本原则

（1）健康优先。在制定有关发展规划、决策和重大工程项目的早期阶段,各部门就应考虑相关的健康决定因素,及时识别出对社区和居民健康的潜在风险,并提出相应的改善建议。

（2）统筹兼顾。健康影响评价必须结合当地政治、经济、文化和人文环境等,充分考虑经济发展和社会民生以及安全稳定等因素,广泛征求利益相关部门和群体的意见,在评价结果及意见建议上充分考虑实施的现实性和可行性。

（3）科学有效。健康影响评价选择的基础资料和数据应具真实性和代表性，评价方法应科学合理，评价结论应客观公正，按照评价阶段现有的科学技术、现行标准做出正确评价。

（4）公平普惠。健康影响评价应充分考虑健康决定因素对不同健康状况的人群可能产生的差异性，应特别关注容易受到不利影响的弱势群体，提出受影响人群的健康改善策略，促进健康的公平性。

第2部分

健康影响评价工作的组织保障

2.1　健康影响评价的组织管理

2.1.1　组织管理机制

各级政府是建立健康影响评估制度、实施健康影响评价的领导机构,各部门是落实健康影响评价的责任主体,卫生健康部门为健康影响评价工作提供技术支撑。各级政府健康建设领导小组负责组织领导本行政区域内健康影响评价工作。各级政府健康建设领导小组办公室(简称"健康办")作为跨部门的协调机构,负责本行政区域内健康影响评价的协调督办工作。

健康办应持续推进健康影响评估制度的建立和完善,制定相关工作规范和制度;组织协调、督促落实各部门开展健康影响评价工作。

2.1.2　部门协同工作网络

在各级党委和政府领导下,构建健康影响评价协同工作网络,畅通各级和各部门间健康影响评价的信息沟通、资源共享、政策咨询等渠道,落实目标任务,夯实工作责任,强化健康影响评价的责任追究机制。

各部门应指定一名领导,负责本部门健康影响评价协调管理工作。指定专人负责本部门健康影响评价的具体组织工作,负责与本级健康办对接,确保完成本部门健康影响评价工作。

2.1.3　三级专家库

根据地域智库资源,按照"以卫生健康为主、涵盖各行业部门技术领域"的原则,遴选专家组成健康影响评价省、市、县(市、区)三级专家库,为健康影响评价工作提供技术支撑。专家库应动态管理,资源共享。

健康影响评价省级专家库负责本级政府及部门的健康影响评价,并对全省开展业务指导;市级专家库负责本级政府及部门的健康影响评价,并对所辖县(市、区)开展业务指导;县(市、区)级专家库负责本区域内的健康影响评价。省、市、县(市、区)三级专家库之间实现资源共享。

健康影响评价专家库组建后,要针对健康影响评价的内容和技术操作程序以及相关进展，定期开展专门培训、交流学习、座谈研讨。注重发挥专家作用，推广健康影响评价的成果总结与经验，挖掘健康影响评价优秀案例，鼓励将各地健康影响评价实践凝练成新闻报道、研究报告、专业论文、领导批示等，深入分析工作中存在的问题，提出解决问题的路径和方法。

各级政府应充分发挥外部专家、专业咨询机构和技术支撑部门的作用。可根据当地实际情况，与相关专业机构建立健康影响评价合作机制，选择有关科研院所、国家/省/市级卫生健康机构和健康教育专业机构、专业技术团队或符合资质的第三方评价机构作为健康影响评价的技术支撑，或委托其进行健康影响评价。

2.2 健康影响评估制度的保障机制

各级政府要充分认识健康影响评价对经济社会发展和提高全民健康水平的重要意义，建立健全健康影响评价实施办法、健康影响评价部门定期例会制度和健康影响评价工作绩效考核办法等健康影响评价制度，明确各相关部门、评价主体机构的权力和职责。

鼓励各地在条件成熟时，出台实施健康影响评价的地方性法规，有效保障健康影响评价工作的严肃性和权威性。

2.2.1 实施主体构成与职责

健康影响评价的责任主体是各级政府部门。在本级党委和政府的领导下，建立健康影响评估制度，保障健康影响评价工作的实施。

省委省政府健康浙江建设领导小组、市级健康城市建设领导小组、县（市、区）级健康县（市、区）建设领导小组负责组织领导本行政区域内健康影响评价工作。各级政府健康建设领导小组办公室（简称"健康办"）协调本区域开展健康影响评价工作，主要职责为制定健康影响评价工作要求，组建和管理健康影响评价专家组，协助各部门实施健康影响评价；定期召开部门联席会议，研究解决健康影响评价制度运行过程中遇到的困难和存在的问题；定期向同级党委和政府汇报工作，争取上级支持。

各级卫生健康部门是健康影响评价的技术支撑主体，负责制定健康影响评价内容、标准和程序等,为政策制定部门提供技术支持。

经济社会发展规划和政策制定部门、重大工程项目建设单位或主管部门负责实施健康影响评价,落实把健康融入制定的规划、政策和重大工程项目,负责在规划、政策出台前和重大工程项目规划设计期开展评价。

2.2.2　工作经费保障

健康影响评价需要财政部门的资金保障,各级政府应积极支持健康影响评价工作开展和推进,将所需经费纳入本级财政预算,确保工作运行所产生的交通费、差旅费、办公费、专家劳务费等各项费用支出。

2.2.3　宣传激励机制

各级政府应建立激励机制,把健康影响评价工作纳入相关工作考核指标;通过多种方式,多维度加大"把健康融入所有政策"的宣传,强化政府和部门落实健康优先理念,促使各部门充分认识本部门工作对人民群众健康的重要意义,积极主动地开展健康影响评价工作;扩大社会认知度,探索与第三方合作的可行性,建立有效的公众参与机制,让公众对政策实施可能造成的健康消极影响进行监督。

2.2.4　技术手段创新

推进数字化理念。鼓励各地运用云计算和大数据等信息技术手段,积极探索健康影响评价方法创新,以进一步加强部门协作,推进跨部门信息共享,多渠道收集文献、相关人口统计、健康数据和环境测量结果数据,进一步科学规范开展经济社会发展规划和政策、重大建设工程项目的健康影响评价。

2.2.5　融入政策制定

各地应积极探索健康影响评价与政策、规划和项目制定流程相结合的可行路径。有条件的地区可以联合司法部门共同开展工作,将健康影响评价融入合法性审查环节,找准切入点,开展前瞻性健康影响评价,充分发挥其前哨作用。

第 3 部分

公共政策健康影响评价的实施

3.1 公共政策健康影响评价的相关概念

3.1.1 公共政策

公共政策(或政策)是公权力机关经由政治过程所选择和制定的为解决公共问题、达成公共目标、实现公共利益的方案。其作用是规范和指导有关机构、团体或个人的行动,表达形式包括法律法规、行政规定或命令、国家领导人口头或书面的指示、政府规划等。

本手册所讨论的公共政策(或政策),主要指各项经济社会发展规划和政策。对于市、县(市、区)而言,主要指本级经济社会发展总体规划和专项规划,以及为实现规划目标而制定的相关措施、办法与条例等,尤其是涉及面较广、覆盖人群较多、有效时间较长、影响较大者。

对于市、县(市、区)直接转发的上级政策、各部门单位内部管理制度等不列入本手册讨论范围。

3.1.2 公共政策评价

根据评价在政策制定、发布过程中所处的阶段,公共政策评价可分为事前(前瞻性)评价、事中(过程性)评价和事后(回顾性)评价。本手册将重点讨论公共政策的事前评价,即在政策执行之前对政策未来预测或结果预测,包括对政策实施对象发展趋势的预测、政策可行性以及政策效果的预测评价。

根据政策影响领域,公共政策评价可划分为经济影响评价、社会影响评价、环境影响评价、健康影响评价、健康公平影响评价等。

3.1.3 公共政策健康影响评价

公共政策健康影响评价即评价和判断公共政策对人群健康的潜在影响及影响在人群中的分布状况,从而作为决定政策变化(包括政策完善和制定新政策)的依据,实现健康与经济社会良性协调发展。

3.2 公共政策健康影响评价的实施过程

健康影响评价的实施过程分为部门初筛、提交登记、组建专家组、专家组筛选、分析评价、报告与建议、提交备案、评价结果应用和监测评估九个阶段。其中,(公共政策的)提交登记、组建专家组、(评估结果的)提交备案及评价结果使用属于健康影响评价的管理环节,部门初筛、专家组筛选、分析评价、报告与建议、监测评价为健康影响评价的技术环节。各试点地区可以根据实施情况确定健康影响评价的实施过程。

3.2.1 部门初筛

部门初筛由政策制定部门完成,必要时可通过本级健康办协调相关领域专家参与。通过部门初筛,确定是否涉及健康决定因素,考虑是否开展健康影响评价。

部门初筛可参考各部门涉及健康重点领域的政策文件范围及对应健康问题清单(具体参见附件2的表1和表2)。如所拟订政策涉及表中所列的健康相关因素和相应健康问题,应进一步开展健康影响评价。

3.2.2 组建专家组

(1)主要工作内容和要求。政策制定部门根据拟订政策的领域,从健康影响评价专家库中遴选相关领域专家,组建健康影响评价专家组,由专家组按照健康影响评价技术流程完成后续评价工作。专家组在开展评价工作之前,应熟悉健康影响评价技术流程以及公共政策健康影响评价分析评估表中的健康、健康公平和健康决定因素的定义和内容(见附件2的表3)。政策制定部门应该为专家组准备相关的资料和数据。

(2)组建原则。为充分发挥专家的领域特长和学科优势,保证健康影响评价结果的客观、公正、科学,专家组可采用"(2+X)模式",其中"2"为卫生健康领域和法律法规领域专家,"X"为根据拟订政策领域,选择相关学科专业的专家。专家组人数以"奇数"定员,原则上不少于5人,根据实际情况确定。必要时,可增加上级层面的专家库成员,选择可能受拟订政策影响的人群代表参加阶段性的讨论。

3.2.3 专家组筛选

（1）筛选目的。为了确保资源的有效利用,通过专家组筛选来确定是否有必要对拟订政策实施健康影响评价。

（2）筛选清单。健康影响评价专家组和可能受拟订政策影响的人群代表,参考健康决定因素清单(见附件 2 的表 3),对照筛选清单(见表 3-1)条目,对拟订政策是否对健康产生影响、影响范围、影响程度以及拟订政策是否为社会关注焦点等方面进行初步判断,确定开展健康影响评价的必要性。

表 3-1　健康影响评价筛选清单

问题	回答		
	是	不知道	否
该文件(政策)是否可能对健康或健康决定因素产生消极影响?			
该文件(政策)是否可能对健康或健康决定因素产生积极影响?			
潜在的消极或积极影响是否会波及很多人?(包括目前和将来)			
潜在的消极影响是否会造成死亡、伤残或入院风险?			
对于残疾人群、流动人口、儿童、老年人、精神病患者、下岗职工等弱势群体而言,潜在的消极影响是否会对其造成更为严重的后果?			
该文件(政策)对经济社会发展是否有影响?			
该文件(政策)对公众的利益是否有影响?			
该文件(政策)是否会成为公众或社会关注的焦点?			
是否进行健康影响评价	□是	□否	

填表说明:

1）表 3-1 筛选清单用于确定是否有必要进行健康影响评价。

2）参与筛选的所有专家及群众代表,按照各自的分析和观点,针对每一个问题,从"是""不知道""否"中勾选,并通过对所有问题的综合考虑,讨论决定是否有必要进行健康影响评价。

3）消极健康影响是指阻碍一个人在身体、精神和社会等方面达到良好的状态。

专家组筛选的结论可有两种。

第一种：不必实施健康影响评价。在此种情况下，完成筛选意见汇总表（见表3-2）并提交本级健康办备案，同时反馈给政策制定部门。

第二种：有必要实施健康影响评价。完成筛选意见汇总表（见表3-2），进入分析评价阶段。专家组筛选通常以小组评议的形式进行，在参与筛选的专家和人群代表中共同推选评价专家组组长，结合现有的相关文献资料，针对每一个问题逐一讨论并形成一致意见，专家组筛选也可以采用专家咨询（函）形式进行。在条件允许的情况下，可以开展简短的实地考察，通过对制定政策所涉及区域、机构和人群的现场调研或公众意见调查来获取第一手资料，并进行更深入的综合分析。参与筛选专家根据所提供资料，分别填写筛选清单，由组织本次健康影响评价的工作人员进行汇总和反馈。关于是否开展健康影响评价的结论，可实行专家表决计票制（超过全员人数的1/2）。

表 3-2　健康影响评价专家筛选意见汇总表

文件（政策）名称	
文件（政策）起草单位	
筛选日期	
筛选方法	

评价专家组筛选结果：

专家组组长审定意见：

　　　　　　　　　　　　　签字：　　　　　　日期：

参与评议专家及成员签字：

　　　　　　　　　　　　　　　　　　　　　日期：

投票结果统计

参与人数	投票结果			结论：是否开展健康影响评价	
	同意	反对	弃权		
				□是	□否

3.2.4 分析评价

通过分析评价,确定拟订政策所涉及的健康决定因素,预测其可能产生的健康影响,并提出政策优化建议。分析评价过程可采用先单独作业再集中讨论的形式,也可以采用集中讨论的形式,必要情况下可进行进一步的综合评价。

(1)初步评价。健康影响评价专家组结合政策制定背景、拟订政策相关资料以及可能涉及人群的现状资料,逐条阅读政策条款,识别拟订政策所涉及的健康决定因素,预测和识别受所制定政策潜在影响的人群(人群分类参考见表 3-3)、这些人群当前的健康现状、受拟订政策实施的可能影响、拟订政策实施产生的消极健康影响、对哪些弱势群体会产生影响和具体有哪些影响,以及拟订政策实施会产生哪些新的弱势群体(弱势群体相关定义见表 3-3)。预测和描述拟订政策所产生的健康影响,从维护和促进人群健康的角度确定政策实施的可行性,给出评价结论,提出维护和促进人群健康的建议。

评价专家组各专家结合政策条款对拟修改的政策条款,独立作业提出个人修改建议,填写《健康影响评价分析评估表(个人意见)》(见表 3-4)和(或)《健康公平评价分析评估表(个人意见)》(见表 3-5)。

表 3-3 人群常见分类参考

分类依据	人群构成
年龄段	新生儿(出生 28 天以内)、婴儿(出生 29 天~12 个月)、幼儿(1~6 岁)、少年儿童(7~17 岁)、青年(18~35 岁)、中年(36~59 岁)、低龄老年人(60~69 岁)、中龄老年人(70~79 岁)、高龄老年人(80 岁及以上)
行为能力	无独立民事行为能力人(16 岁以下)、具备独立民事行为能力人(16 岁及以上)、普通残疾人、生活不能自理的残疾人、生活不能自理的老年人
健康状态	健康人群、亚健康人群、慢性病人群、生理期女性
孕产周期	孕妇、产妇、哺乳期妇女
受教育状态	幼儿园、小学生、初中生、高中生、职业教育在校生、高等教育在校生
职业状态	各类专业、技术人员;国家机关、党群组织、企事业单位的负责人、办事人员和有关人员;商业工作人员;服务性工作人员;农林牧渔劳动者;生产工作、运输工作和部分体力劳动者;个体经营者;不便分类的其他劳动者;离退休人员;无业人员

续表

分类依据	人群构成
弱势群体	主要包括生理性弱势群体和社会性弱势群体两类。生理性弱势群体有着明显的生理原因，如年龄、疾病、残疾等；社会性弱势群体是指由社会原因造成的弱势，如下岗、失业、贫穷、受排斥等
其他	包括但不限于上述类别的其他人群

表格引自中国健康教育中心.健康影响评价实施操作手册（2021版）[M].北京：人民卫生出版社，2022.

（2）意见汇总。健康影响评价专家组组长对各专家意见进行汇总，并引导专家组进一步对表 3-4（个人意见）和（或）表 3-5（个人意见）所涉及内容进行集中梳理和讨论，对拟订政策的健康影响评价结果形成专家组意见，填入表 3-6（专家组意见）。

（3）综合评价。在完成拟订政策分析评价表的基础上，如果拟订政策对健康有重大潜在影响或健康影响评价专家组难以达成一致意见，且在经费和时间充裕的情况下，健康影响评价专家组可以进一步选择适宜的评价方法和工具，收集相关证据，进行综合评价，从而进一步明确潜在健康风险和收益水平的相对重要性，确定健康决定因素的依据，预测拟定政策对健康的消极/积极影响及特征、具体受到影响的人群和不利后果发生的可能性。

必要情况下，可以寻求本地或更高层面的专业机构，以及有关科研院所、专业技术团队的技术指导和合作。同时在一定范围内征求利益相关方的意见，确保评价的全面性。

健康影响评价常用的分析评价方法有定性评估、定量评估和调查测量。其中定性评估包括有专家观点、专题小组访谈、利益相关者研讨会、关键知情人访谈、公众听证会、头脑风暴法、德尔菲法和情景评估等。定量评估包括系统文献回顾、现有人口统计和健康数据（如人口普查、调查数据，监管项目和机构报告等）、绘制人口统计、健康状况统计或环境测量结果分布图等。调查测量包括环境测量措施、实证研究等，尤其是流行病学研究。本部分"3.3健康影响评价常用分析评估方法"结合健康影响评价的特点，对这些方法做了简要介绍。一旦选择确定具体的评估方法，专家组则需要按照所选择方法的操作流程进行资料的收集、分析和得出结论。

表 3-4 健康影响评价分析评估表（个人意见）

健康决定因素		文件（政策）条款	积极/消极影响	影响描述	提出的文件（政策）修改建议（理由）	修改建议的重要性评分 1（不太重要）- 5（非常重要）
分类	具体种类					
A 个人/行为因素	A1 世界观、人生观和价值观					
	A2 健康理念和意识					
	A3 生活方式与习惯					
	A4 违反社会法律、道德的危害健康行为					
	A5 生活技能					
	A6 压力					
	A7 自尊/自信					
	其他					
B 环境因素	B1 空气质量					
	B2 水质量					
	B3 土壤质量					
	B4 噪声					
	B5 废物处理					
	B6 气候变化					
	B7 能源的清洁性					

续表

健康决定因素		文件（政策）条款	积极/消极影响	影响描述	提出的文件（政策）修改建议（理由）	修改建议的重要性评分 1（不太重要）—5（非常重要）
分类	具体种类					
B 环境因素	B8 食物原材料供应及其安全性					
	B9 食品生产、加工和运输					
	B10 病媒生物					
	B11 绿化环境					
	B12 工作、生活和学习微观环境					
	B13 自然灾害					
	B14 交通安全性					
	B15 生物多样性					
	B16 文化娱乐休闲场地和设施					
	B17 健身场地和设施					
	B18 基础卫生设施					
	其他					
C 公共服务因素	C1 教育					
	C2 医疗卫生服务					
	C3 养老服务					

续表

健康决定因素		文件（政策）条款	积极/消极影响	影响描述	提出的文件（政策）修改建议（理由）	修改建议的重要性评分 1（不太重要）—5（非常重要）
分类	具体种类					
C 公共服务因素	C4 残疾人服务					
	C5 社会救助					
	C6 幼儿托管服务					
	C7 食品零售					
	C8 交通运输					
	C9 文化娱乐休闲服务					
	C10 治安/安全保障和应急响应					
	C11 能源可及性					
	其他					
D 社会因素	D1 就业					
	D2 社会保障					
	D3 收入					
	D4 福利					
	D5 公平					
	D6 房屋政策					
	其他					

续表

分类	具体种类	文件（政策）条款	积极/消极影响	影响描述	提出的文件（政策）修改建议（理由）	修改建议的重要性评分 1（不大重要）—5（非常重要）
E 文化/政治因素	E1 家庭因素					
	E2 社区因素					
	E3 政治因素					
	E4 文化因素					
	其他					

| 健康维度 | | | | | | |
分类	具体种类	文件（政策）条款	积极/消极影响	影响描述	提出的文件（政策）修改建议（理由）	修改建议的重要性评分 1（不大重要）—5（非常重要）
生理健康	生理疾病					
	身体结构					
	生理功能					
心理健康	心理亚健康					
	自我和谐					
	人际和谐					
	社会和谐					

续表

健康维度		文件（政策）条款	积极/消极影响	影响描述	提出的文件（政策）修改建议（理由）	修改建议的重要性评分 1（不太重要）—5（非常重要）
分类	具体种类					
道德	价值					
	情感					
	行为					
社会适应	积极社会适应					
	消极社会适应					
其他						
是否需要补充促进健康的相关条款（请详细说明情况）						
其他需要说明的情况						

签字：　　　　　日期：

填表说明：

1）表 3-4 用于专家个人逐条梳理文件（政策）条款对健康决定因素和健康的积极/消极影响，及提出修改建议。

2）参与评价的所有专家依据附件 2 表 3《健康、健康公平和健康决定因素的定义和内容》，利用所提供资料，按照各自的分析和观点，确定政策条款对健康决定因素和健康造成的积极/消极影响，并对具体影响进行描述，提出修改建议及说明理由。

3）消极影响是指阻碍一个人在身体、精神和社会等方面达到良好的状态。

4）修改建议的重要性评分采用 Likert 五分量表法，5=非常重要，4=很重要，3=较重要，2=一般重要，1=不太重要。由专家个人对提出的修改建议进行重要性打分。

5）各试点地区可以根据具体文件选择表格相关内容。

表 3-5　健康公平评价分析评估表（个人意见）

序号	文件（政策）条款是否对以下特征区分的人群或地区的健康公平有潜在影响	具体文件（政策条款）	积极/消极影响	提出的文件（政策）修改建议（理由）	修改建议的重要性评分 1（不太重要）～5（非常重要）
	年龄段				
	行为能力				
	健康状态				
	孕产周期				
	受教育状态				
	职业状态				
	弱势群体				
	地区或局部地区				
	其他				

签字：　　　　　日期：

填表说明：

1）表 3-5 用于评价专家个人逐条依据梳理文件（政策）条款附件 2 表 3《健康、健康公平》条款对健康公平的积极/消极影响，及提出修改建议。

2）参与评价的所有专家依据各自的积极/消极影响，利用所提供资料，按照各自的分析和观点，确定政策条款对健康公平造成的积极/消极影响，并对具体影响进行定义和内容，提出修改建议及理由。

3）消极影响指阻碍一个人在身体、精神和社会等方面达到良好的状态。

4）修改建议的重要性评分采用 Likert 五分量表法，5＝非常重要，4＝很重要，3＝较重要，2＝一般重要，1＝不太重要。由专家个人对提出的修改建议进行重要性打分。

5）各试点地区可以根据具体文件选择表格相关内容。

表 3-6　健康影响评价分析评估表（专家组意见）

序号	文件（政策）原文	修改意见	理由	对应的健康决定因素	修改意见的重要性评分 1（不太重要）—5（非常重要）
示例	生态修复	• 加强监测和综合防制 • 环境工程设计中，建议在绿化植物造种上多植驱蚊性植物	• 景观绿化、抑制扬尘、清洁空气，有利于居民健康。 • 有可能影响生态微环境，带来微生物、蚊蝇等的孳生，增加传染性疾病发生风险	环境因素/绿化环境	
…					

参与评议专家及成员签字：

日期：

填表说明：

1）表 3-6 用于专家组逐条梳理文件（政策）条款对健康决定因素和健康的积极/消极影响，及提出修改建议。

2）专家组组长对各专家意见进行汇总，并引导专家组进一步对表中所涉及内容进行集中梳理和讨论，对拟定政策的健康影响评价结果形成专家组意见，作为形成健康影响评价评分报告的依据。填写表 3-6（专家组意见）。

3）修改意见的重要性评分采用 Likert 五分量表法，5=非常重要，4=很重要，3=较重要，2=一般重要，1=不太重要。由评议专家组内讨论后对提出的修改意见形成重要性打分。

4）如果全程采用集中讨论形式完成分析评估，则可以只完成表 3-6（专家组意见）和（或）表 3-5（个人意见）、表 3-4（个人意见）可以不填写。

各地可以根据具体工作需要，选用专家评价、会议评价、第三方评价等多种方式开展分析评价这一环节。在一般专家评价的基础上，如认为拟订政策与健康关系密切且需要多部门协商的，可组织召开会议进行评价。如认为拟订政策与健康关系密切且复杂而需要开展综合评价的，可进行专家和部门会议联合集中评价或委托第三方评价。

3.2.5　报告与建议

在完成拟订政策的健康影响评价后，专家组应针对提高健康水平、降低健康消极影响的目的，撰写健康影响评价报告，对已明确的健康问题提出解决方案或改善建议。

一份完整的健康影响评价报告至少包括以下因素：健康影响评价的背景；健康影响评价过程（按照健康影响评价的步骤和技术流程进行描述）；健康影响评价所涉及的人员、组织和资源；对健康影响评价过程中的合作和参与程度进行评价；对该政策健康影响的预估；健康影响评价的结论；提出最大程度加强积极影响和减弱消极影响至最小化的建议。健康影响评价的建议可根据拟订政策起草、修订、执行等不同阶段具体提出。提出的建议应充分考虑政策执行的适宜性和可行性。一般情况下，在政策制定过程中，能给健康影响评价的时间极为有限（3～5 天），因此健康影响评价专家组可提交《健康影响评价意见反馈表》（见表 3-7），简要反馈原政策条款可能存在的问题以及相应的修改建议。

表 3-7　健康影响评价意见反馈表

文件(政策)名称	
文件(政策)起草部门	
结论:是否通过健康影响评价	☐ 通过评价　　☐ 未通过评价

健康影响评价意见汇总(必要时,可将表 3-6 分析评估表专家组意见作为附件提交)

序号	原政策条款	可能存在的问题	修改建议	修改建议的重要性评分 1(不太重要)—5(非常重要)
示例	生态修复	• 景观绿化,抑制扬尘,清洁空气,有利于居民健康。 • 有可能影响生态微环境,带来微生物、蚊蝇等的滋生,增加传染性疾病发生风险	• 加强监测和综合防治。 • 环境工程设计中,建议在绿化植物选种上多植驱蚊性植物	
...				
	共　　页　　第　　页			

专家组组长:
参与专家:

提交日期:

3.2.6　结果应用

政策制定部门在收到《健康影响评价意见反馈表》后,应按照《健康影响评价意见采纳情况反馈表》(见表 3-8)的要求记录对健康影响评价意见的采纳情况。如果是部分采纳或者不采纳,请政策制定部门说明理由。

表 3-8　健康影响评价意见采纳情况反馈表

文件(政策)名称							
文件(政策)发布类别			☐ 政府发布　　☐ 部门发布				
文件(政策)起草/提交部门							
备案部门			常设办公室				
专家组审核确认结论:是否通过审核			☐ 通过审核　　☐ 未通过审核				
健康影响评价意见采纳情况							
序号	原文件(政策)条款	可能存在的问题	修改建议	采纳情况			备注
				采纳	部分采纳(理由)	不采纳(理由)	
共　　页　　第　　页							
文件(政策)起草/提交部门联系人:				电话:			
文件(政策)起草/提交部门签章:							
					提交日期:		
备案人(签字):				备案日期:			

填表说明:此表由政策制定部门填写。意见部分采纳、不采纳或有其他需要说明的情况,请填写在备注栏。

3.2.7　监测评估

对于规划、政策和项目,在其实施过程中,应根据实际需要进行监测评估,一方面是评估政策执行情况,进行一致性评价;另一方面是监测人群健康及其影响因素的长期发展趋势,评估其对人群健康的潜在影响。

(1)对健康影响评价实施情况的监测评估。各级健康办需定期对同级政策制定部门健康影响评价实施情况进行监测评估,主要评估内容包括政策制定部门初筛实施情况、政策制定部门组建专家评价情况以及评价结果的使用情况等。监测评估的目的是减少漏筛、错筛,保障专家组的组成符合制定政策的范围,督促评价意见能够得到一定的采纳。可以采用的评价指标包括各部门初筛开展率,重点部门初筛正确率,均次评价专家人数,均次评价专家组成符合制定政策范围率,基于健康影响评价结果政策补充和修订情况等。

(2)对拟订政策发布实施过程的监测评估。评估政策执行情况,应采取一致性评价,注意总结政策执行的效果、经验及问题。评价内容包括规划、政策和重大工程项目相关的某种或某些健康危险因素的变化情况,以及相关的某种或某些疾病发病率、患病率和病死率的变化情况。

(3)对政策发布实施后影响的监测评估。必要时各级健康办可以对健康决定因素和人群健康状况等情况的变化及发展趋势进行监测,并将监测结果与健康影响评价报告相比较,以进一步验证并发现规划、政策和重大工程项目实施中是否存在影响健康的问题。省卫生健康监测与评价中心也将定期对试点地区健康影响评价工作进行监测评估。监测评估拟从投入-过程-结果三个维度进行。投入指标包括人、财、物等结构指标,过程指标包括来自工作开展的具体流程运行情况数据以及健康影响评价报告的数量和质量,结果指标包括政策或者工程项目影响的人群的健康、健康公平的变化情况以及相关的某种或某些健康危险因素的变化情况。

各市、县(市、区)应积极探索健康影响评价效果的监测评估机制,建立完善监测评估的跨部门协作流程,优化提升监测评估的技术流程,重点监测评估需要重点关注和影响重大的指标和内容,推进健康影响评价效果评估工作的开展。

3.3 健康影响评价常用分析评估方法

在此对健康影响评价常用的分析评估方法做简单介绍。各评估方法的具体操作流程及要求可参考相关专业书籍。

3.3.1 定性评估

(1)专家观点。在与所评价政策相关的行业领域内,选取有多年工作经验的专业人员，听取他们提出的有价值的专业意见。

（2）专题小组访谈。通过召集一小组同质人员，对所评价政策的健康影响进行讨论，进而得出结论。步骤：制订专题小组讨论计划；确定小组的数量及类型，专题小组讨论准备工作；进行专题小组讨论；对专题小组讨论结果进行分析与解释。

（3）利益相关者研讨会。由所评价政策主要的利益相关者参加的现场或在线的专题研讨会。

（4）关键知情人访谈。就所评价政策的健康影响相关问题，访问专家或某一特定方面问题的主要知情者。步骤：设计访谈提纲；进行恰当提问；准确捕捉信息，及时收集有关资料；适当做出回应；及时做好访谈记录。

（5）公众听证会。这是公众参与地方治理的一种固定渠道。凡是在听证会上提出的意见，决策者必须在最后裁决中做出回应。步骤：准备阶段，根据听证的相关内容，制定听证公告并向上级领导请示，经同意后制定详细分工；听证阶段，宣布召开听证会的目的、会场纪律、陈述人的义务等，进入听证辩论程序；总结阶段，根据陈述人的发言内容，及时做好归纳总结，制定听证报告。

（6）头脑风暴法。工作小组人员在正常融洽和不受任何限制的气氛中以会议形式进行讨论、座谈，打破常规，积极思考，畅所欲言，充分发表看法。步骤：会前准备；设想开发，在有限时间内获得尽可能多的创意性设想；设想的分类与整理，一般分为实用型和幻想型两类；完善实用型设想；幻想型设想再开发。

（7）德尔菲法。采用背对背的通信方式征询专家小组成员的分析评价意见，经过几轮征询，使专家小组的分析评价意见趋于集中，最后做出符合公共政策健康影响评价的结论。步骤：开放式的首轮调研，请专家提出需要分析评价政策条款问题；评价式的第二轮调研，专家对第二步调查表所列的每个政策条款做出评价；重审式的第三轮调研；复核式的第四轮调研，专家再次评价和权衡，做出新的评价结论。

（8）情景评估。用于分析一个看似复杂的无头绪的情景，在找出头绪后判断应当采取的下一步措施，如做出决策、寻找问题根源或进行计划分析。步骤：确定待解决问题的主题；找出与主题相关的问题；选择目标问题；确定是否需要进一步分析原因。

3.3.2 定量评估

(1)文献回顾。系统性文献综述法的思想在医药学领域的元分析带动下,借助互联网,利用不同的数据库和多种检索与分析技术,全面而准确地掌握公共政策可能造成的某一或某些健康影响的研究进展,并得出和检验研究结论的标准化文献研究方法。

(2)数据统计。搜集和利用如人口普查、调查数据,监管项目和机构报告等现有资料,来获得现有人口统计和健康相关定量数据进行评估。

(3)绘制图表。绘制人口统计、健康状况统计或环境测量结果分布图,结合所收集的现有资料,绘制相关分布图。

3.3.3 调查测量

(1)环境测量。措施主要包括以下几个方面。①利用环境测量相关技术方法进行有害性物质的评估:空气、土壤和水里的有害物质/污染物;噪声;放射性物质;危险环境,如洪水、火灾、滑坡等。②运用相关现场调查方法进行公共健康资产和资源的评估:水体、土地、农场、森林和基础公共建设设施、学校和公园等。

(2)实证研究。利用流行病学调查研究方法进行调查、成本效益分析和测评等的设计和实施,用以描述健康决定因素与健康结局的关联。必要时,可量化关联的强度。

第 4 部分

重大工程项目
健康影响评价的实施

4.1 重大工程项目健康影响评价相关概念

4.1.1 工程项目

工程项目是以工程建设为载体的项目,是作为被管理对象的一次性工程建设任务。它以建筑物或构筑物为目标产出物,需要支付一定的费用、按照一定的程序、在一定的时间内完成,并应符合质量要求。

根据不同的划分标准,工程项目可分为不同的类型。

(1)生产性工程项目和非生产性工程项目。生产性工程项目是指形成物质产品生产能力的工程项目,例如工业、农业、交通运输、建筑业、邮电通信等产业部门的工程项目;非生产性工程项目是指不形成物质产品生产能力的工程项目,例如公用事业、文化教育、卫生体育、科学研究、社会福利事业、金融保险等部门的工程项目。

(2)基本建设工程项目(简称建设项目)、设备更新和技术改造工程项目。基本建设工程项目是指以扩大生产能力或新增工程效益为主要目的的新建、扩建工程及有关方面的工作。建设项目一般在一个或几个建设场地上,并在同一总体设计或初步设计范围内,由一个或几个有内在联系的单项工程所组成,经济上实行统一核算,行政上有独立的组织形式,实行统一管理,通常以企业、事业、行政单位或独立工程为一个建设单位。更新改造项目是指对原有设施进行固定资产更新和技术改造相应配套的工程以及有关工作。更新改造项目一般以提高现有固定资产的生产效率为目的,土建工程量的投资占整个项目投资的比重按现行管理规定应在30%以下。

(3)新建、扩建、改建、恢复和迁建项目。新建项目一般是指为经济、科学技术和社会发展而进行的平地起家的投资项目。有的单位原有基础很小,经过建设后,其新增的固定资产的价值超过原有固定资产原值3倍以上的也算新建项目。扩建项目一般是指为扩大生产能力或新增效益而增建的分厂、主要车间、矿井、铁路干线、码头泊位等工程项目。改建项目一般是指为技术进步,提高产品质量,增加花色品种,促进产品升级换代,降低消耗和成本,加强资源综合利用、三废治理和劳动安全等,采用新技术、新工艺、新设备、新材料等而对现有工艺条件进行技术改造和更新的项目。迁建工程项目一般是指为改变生产力布局而将企业或事业单位搬迁到其他地点建设的项目。恢复项目一般是指因遭受各种灾害而使原有固定资产全部或部分报废，以后又恢复建设的项目。

（4）按照我省重大决策社会风险评估事项分类，重大工程项目可以分为一、二和三类。其中，一类为垃圾、危险废物、医疗废物、放射性物质、污水、污泥、死亡动物等处理项目；传染病医院、殡葬火化设施、墓地等项目；化学原料、精细化工、石油化工、煤电和燃煤热电联产等项目；其他易引发重大风险的项目。二类为疾病防控中心，精神卫生中心，戒毒中心，监察改造场所，三级以上生物防护实验室等项目；110kV及以上输变电工程，热核电项目，发射功率在10kW以上的中长波广播信号发射设施和发射功率在1kW以上的电视信号发射设施，通信发射设施等项目；供电、供油、供气管网及消防灭火等站点建设项目，水泥、沥青、加油、液化石油气接收和存储设施建设项目；机场，铁路，公路，城市快速路，城市轨道交通，高速公路、水运等涉及土地征用与房屋拆迁较大的项目；重大引配水工程，中型水库等项目；水泥，重大矿产资源开发等项目；洪水、地震等重大自然灾害后的恢复重建项目；其他易引发较大社会风险的项目。三类为技改类项目；公益性、民生建设项目；部分扩建、改建项目；其他内容比较单一，经预判没有明显风险隐患的项目。

4.1.2　重大工程项目健康影响评价

《"健康中国2030"规划纲要》明确提出："全面建立健康影响评价评估制度，系统评估各项经济社会发展规划和政策、重大工程项目对健康的影响。"因此，本手册旨在针对重大工程项目（即可能造成重大环境影响的、应当编写环境影响报告书，对产生的环境影响进行全面评价的建设项目）进行健康影响评价，以帮助项目主管部门和建设运营单位预见不同的选择将对健康产生怎样的影响，促使他们在选择时充分考虑健康结果。

4.2　重大工程项目健康影响评价的实施过程

各试点地区可以根据实际情况确定重大工程项目健康影响评价的实施

过程。在具体工作开展中可以与环境影响评价融合推进,与环境影响评价单位共同进行调查和评价,共享项目相关资料、评价内容和结果科学合理运用健康影响评价的方法,分析和评估重大工程项目建设不同阶段对区域人群健康、健康决定因素和健康公平的潜在影响。也可以将环境影响评价报告作为健康影响评价的文本资料,在环境影响评价的基础上开展健康影响评价。

重大工程项目的健康影响评价过程包括以下三个阶段八个环节。①评价准备阶段:完成申请评价与备案受理(提交登记)、组建(评价)专家组两个环节;②评价实施阶段:完成专家组筛选、分析评估、报告与建议三个环节;③评价结束及后续阶段:包括评价结果提交备案、结果应用及监测评估三个环节。

4.2.1　评价准备阶段

在重大工程项目建议书阶段,项目业主单位或者主管部门应提交本级健康办进行健康影响评价登记。项目业主单位或主管部门通过签订合同委托有环境影响评价资格证书的单位进行调查和评价工作,在合同中应该要求评价单位在进行环境影响调查和健康影响评价工作之前与本级健康办进行联系沟通。

项目业主单位或者主管部门根据拟订项目的领域,从健康影响评价专家委员会中遴选相关领域专家,组建健康影响评价专家组。为充分发挥专家领域和学科优势,保证健康影响评价结果的客观、公正、科学,可采用"(2+X)模式"来组建专家组。其中,"2"为卫生健康领域(结合项目选择环境卫生、职业卫生、健康促进与健康教育、传染病防治和流行病学等领域)和法律法规领域专家;"X"为根据拟订项目的领域,所选择的其他学科专业的专家(结合项目选择环境工程、环境科学、生态学、化学、应用化学、生物科学、资源环境与城乡规划管理、大气科学、给水排水工程、水文与水资源工程、化学工程与工艺、生物工程、农业建筑环境与能源工程、森林资源保护与游憩、野生动物与自然保护管理、水土保持与荒漠化防治、农业资源与环境、土地资源管理、社会学、公共管理等相关专业的专家)。专家组人数以"奇数"定员,原则上不少于 5 人,根据实际情况确定。必要时可吸纳可能受项目影响的人群代表参加阶段性的讨论。

4.2.2 评价实施阶段

（1）专家组筛选。健康影响评价专家组通过研究分析项目业主单位提交的已获批的建设项目建议书、国家有关法律文件和建设项目有关的其他文件资料，筛选确定是否需要对该项目进行健康影响评价，进而基于项目健康影响的预估和环境影响评价的工作等级，确定健康影响评价的范围、方法及具体实施方案。

在重大工程项目健康影响评价的筛选中，应重点考虑的内容包括：项目是否对健康产生消极和积极影响；这些影响在目前或未来所波及的人群；潜在消极健康影响是否会造成死亡、伤残或入院风险；对于弱势群体（残疾人群、流动人口、贫困人口等）而言，这些潜在的消极健康影响是否会对其造成更为严重的后果；政府、社会及公众对项目的关注程度；项目对经济社会发展是否有较大影响；项目对公众利益是否有较大影响。

优先选择进行健康影响评价的项目是政府重点关注、社会关注度高、对健康影响程度大、与民生密切相关、群众特别关注的项目。

项目筛选以小组会议形式进行。参与筛选的专家和公众代表一起推选评议组组长，并结合现有的相关文献资料，针对每一个问题讨论形成一致意见。筛选使用的表格为《健康影响评价筛选清单》（见表 3-1）和《健康影响评价专家筛选意见汇总表》（见表 3-2）。

（2）分析评估。基于环境影响评价的工程分析和环境现状调查，调查项目相关区域内居住人口数目、特点及分布情况以及调查项目相关区域人群健康状况，确定重大工程项目在设计、施工和运营等阶段所产生的潜在健康影响是积极的还是消极的；确定其潜在健康影响的具体体现［包括影响人群健康的严重程度、可逆性和（或）适应性、频率、持续时间、地理范围、时间等］；确定相关健康决定因素的重要程度；分析重大工程项目健康影响评价中的不确定性。

针对重大工程项目的健康影响评价可在梳理项目环境影响评价报告及相关结论的基础上进行，确定现有环境影响评价中涉及健康的相关因素并延伸分析其潜在的健康影响，同时对现有环境影响评价未涉及的人群健康内容做补充分析。

梳理工程项目不同阶段［项目准备阶段、项目实施（施工/建设）阶段、项目运营阶段]以及不同类型工程项目(生产性项目和非生产性项目)所涉及的健康决定因素清单,为开展重大工程项目健康影响评价提供参考。

1)项目不同阶段的健康决定因素清单(见表4-1)。项目开发建设是否对环境产生破坏、污染排出物是否符合国家环保标准,是环境影响评价的重点内容。环境要素的改变同样是健康影响评价的关注内容之一。基于环境影响评价,重大工程项目的健康影响评价侧重于评价项目带来的人居环境的改变可能对人的健康、健康决定因素与健康公平产生的影响,在项目不同阶段适时预测评价。

对重大工程项目的健康影响评价,要掌握项目基本情况,可以参考环评小结和可行性报告小结进行描述。

①项目前期(设计和施工准备阶段)。需要考虑田地征用、拆迁给居民带来的就业问题、不良情绪、交通和服务便利可及性的改变对他们健康的直接或间接影响;项目设计应兼顾弱势群体的出行、基本需求、应急通道和设备设置等(如斜坡便道、公共场所设置哺乳室)。

②项目施工和建设阶段。主要考虑产生垃圾的及时无害化处理,避免引起环境污染、病菌滋生、四害等问题;加强施工人员的安全防护培训与健康管理,维护施工人员的身心健康;建设后期的植被恢复,引进外来物种需考虑与原有动植物的相容性,及对周边易过敏人群的危害。

③项目运营阶段。坚持环境保护原则,及时将垃圾无害化处理,做好职工职业防护与健康管理培训,对于不可抗力的突发事件,要科学预测并做好应急预案,在条件允许的情况下应结合实际情况定期进行消防演练及突发公共卫生事件、自然灾害等应急演练。

在整个项目周期中,健康影响评价的重要内容包括施工区域的医疗卫生服务可及性和医疗机构承受力、健康公平性等。医疗卫生资源尽可能与区域人员数量和职业群体的医疗需求相匹配。此外,重大工程项目要兼顾经济效益与社会效益,注重周边居民的意见和建议。

2)工程项目涉及的主要健康决定因素清单。本手册中的工程项目按照投资作用分为生产性项目和非生产性项目。工程项目的验收根据国家有关规定执行。当前的验收标准重点关注工程质量,缺少对健康相关内容的关注,建议将项目对全人群健康的积极或消极影响纳入设计与验收标准,实现经济效益和社会效益的双赢。

表4-1　项目不同阶段的健康决定因素清单

分阶段		不同阶段人居环境的变化	环境因素	健康决定因素	图文/资料收集
环境影响评价	健康影响评价				
项目准备阶段	项目前期（设计和施工准备阶段）	征地、平整场地带来： (1)田地征用地影响原有种植户的收入与就业 (2)居民安置及赔偿问题可能引起居民焦虑、不满等不良情绪 (3)平整场地改变了原有生态环境，影响局地小气候、同时存在引发动物疫源性疾病的可能 (4)征地、平整原有的道路铺设改变了原有的道路交通、居民出行和服务可及性及性受到影响	(1)局地小气候 (2)生物多样性 (3)地形改变	(1)就业 (2)心理健康 (3)动物疫源性疾病；病媒生物；自然灾害 (4)服务可利用的可及性和公平性 ……	(1)项目建议书 (2)地图：原地形图、交通地图、地质图、居民居住点标注地图、地质图 (3)周边居民状况：人口学特征；经济来源；健康诊断 (4)居民投诉、上访情况
项目实施（施工和建设）阶段	施工和建设阶段	土建施工、设备安装与使用带来的影响： (1)环境：噪声、粉尘、燃油废气、施工及生活垃圾（废水、固体垃圾、有害垃圾）的产生对邻近居民（包括弱势人群）及工人的影响 (2)施工人员生活安置与职业防护 (3)施工地区现有医疗服务能力（饮食、居住、传染病等） (4)建设后期现有的植被被恢复 ……	(1)环境污染 (2)环境绿化	(1)废物处理；病害处理；自然灾害 (2)基础卫生设施；治安或安全保障和应急响应；不安全性行为 (3)医疗卫生服务 ……	(1)可行性报告：包含环境影响评价小结；公用设施情况；防洪防震、除四害等相应措施；企业组织；医疗四害；劳动定员等及女性可承受力；工艺；设备及员工的绿色友好性 (2)植被恢复过程采用的绿化树种与原有动植物生存环境的相容性 (3)居民投诉和（或）工人投诉、上访情况

续表

分阶段		不同阶段人居环境的变化	环境因素	健康决定因素	图文/资料收集
环境影响评价	健康影响评价				
项目运营阶段	运营阶段	竣工验收和投产： (1) 环境：投产后产生的噪声、粉尘、燃油废气、异味等；项目运营中产生出的废水、固体垃圾（废水、水源地及居民生活垃圾）对土壤、水源地及居民生活的影响 (2) 突发事件的应急处置：突发事件导致设备不能正常运行对居民健康的影响（包括弱势人群） (3) 职业防护 (4) 施工地区现有医疗服务能力 ……	(1) 环境污染 (2) 职业卫生	(1) 废物处理；病媒生物；自然灾害 (2) 应急响应 (3) 职业防护和健康管理；职业危害因素 (4) 医疗卫生服务 ……	(1) 可行性报告：包含职工宿舍和必要的生产福利设施能够满足生产需要；环境保护设施、劳动安全卫生设施、消防设施的建成与主体工程同时建成投用；工艺、设备服务的绿色友好性与承受可及性等 (2) 突发事件的应急预案 (3) 居民和（或）工人的建议与投诉情况

生产性和非生产性工程项目的健康决定因素有所不同（见表4-2）。

表4-2　生产性和非生产性工程项目的健康决定因素

分类		影响途径	健康决定因素
生产性工程项目	工业	大多涉及居民搬迁、环境破坏、施工期环境污染等问题	(1)环境因素 (2)违反社会法律、道德的危害健康的行为 (3)就业 (5)职业防护和健康管理 (6)交通运输 (7)医疗卫生服务 (8)治安或安全保障和应急响应 ……
	农业	生物多样性减少、土质破坏、环境污染、农作物质量下降等	
	交通运输	居民搬迁、环境破坏、汽车尾气与噪声等	
	建筑业	扬尘、噪声、采光等	
	通信通讯	植被破坏、辐射等	
	……	……	
非生产性工程项目	公用事业	环境绿化的科学合理性 资源配置与服务利用的可及性 健康公平 对弱势群体、流动性人口需求的考虑 ……	(1)环境因素 (2)公共服务因素 (3)文化因素 (4)健康理念和意识 (5)社会保障 (6)就业 (7)福利 (8)公平 (9)治安或安全保障和应急响应 ……
	文化教育		
	卫生体育		
	科学研究		
	社会福利事业		
	金融保险		
	……		

在重大工程健康影响评价中，由于不同工程项目、工程项目的不同阶段所涉及的健康决定因素不同，所以评价的侧重点也各异。健康影响评价不仅关注健康问题，也关注健康公平的问题。针对《项目不同阶段的健康决定因素清单》（见表4-1）和《生产性和非生产性工程项目的健康决定因素》（见表4-2）进行评价时，尤其需要重点考虑老年人、妇女儿童、残疾人等弱势人群。具体评价流程和表格请参见第三部分的相关内容。

（3）报告与建议。健康影响评价专家组根据上面各阶段所获取的资料以及分析评估结果，做出健康影响评价的结论，提出减少有害健康影响的建议和措施，完成健康影响评价报告的撰写或健康影响评价反馈表的归纳填写。重大工程项目健康影响评价报告应该为独立报告，报告中需要描述项目的基本情况，具体包括项目背景、环境影响评价结果摘要、可行性报告摘要、健康影响评价的工作过程和评价结果。

4.2.3　评价结束及后续阶段

（1）后续相关工作。由专家组按照健康影响评价技术流程，完成后续筛选、分析评估和报告建议工作。所有拟建重大工程项目的健康影响评价报告均须提交至健康办备案。对于没有通过健康影响评价的拟建重大工程项目，需要根据健康影响评价建议进一步修改和完善项目建议书，且需健康影响评价专家组再次审核确认。项目业主单位在收到重大工程项目健康影响评价反馈意见后，需按照相关建议对拟建项目进行相应变动。项目业主单位健康影响评价协调工作人员应记录对健康影响评价建议的采纳和使用情况（如不采纳相关建议，则需说明理由），将其提交至健康办备案。

（2）监测评估。包括评估健康影响评价过程，以及评估拟建重大工程项目在设计阶段、施工阶段和运营阶段对健康和健康决定因素所产生的影响。各地可根据拟建重大工程项目的具体情况以及地方资源，结合建设类项目环境保护三同时管理要求选择性进行监测评估。监测评估工作由健康办牵头负责，在本级健康影响评价工作网络和健康影响评价专家委员会相互配合、明确分工的情况下开展。

4.3　重大工程项目健康影响评价常用分析评估方法及注意事项

针对重大工程项目的健康影响评价，可以采用定量评估方法（如调查测量或对现有资料的定量评估和利用），也可以采用定性评估方法，使用时根据工程项目的具体情况选择单一方法或综合使用多种方法，建议在利用工程项目现有环境影响评价数据进行分析评估的基础上，补充现场实地考察、利益相关者讨论、公众听证会等方法。各评估方法请参考第 3 部分 3.3 健康影响评价常用分析评估办法简要介绍，其具体操作流程和要求可参考专业书籍。

需要注意的是，重大工程项目健康影响评价的现场实地考察，可以在工程项目的设计、施工和运营期分别进行。对现场进行考察可以获得实地感受，可以更有效地发现可能存在的隐患，与文献资料提供的信息互为补充。具体包括对现场环境、项目运营流程的考察，与设计者、建设者、运营者或使用者以及周围可能受影响的公众的访谈等。

第 5 部分

参考案例

5.1 参考案例 1:《A 区校园食品安全守护行动实施方案 (2020—2022 年)》健康影响评价

5.1.1 项目背景

A 区于 2003 年建区,最新统计户籍人口 49 万人,常住人口 62.5 万。2020 年,全区生产总值增长 3.3%,财政总收入和一般公共预算收入分别增长 5.5% 和 6.7%,城镇、农村居民人均可支配收入分别增长 4.2% 和 7.4%。

在市委、市政府和区委的坚强领导下,A 区政府在着力维护人民群众经济收入稳中有进的同时,持续优化公共服务,推动教育优质均衡发展,以"办让人民更满意的 A 区教育"为目标,立足本职,持续努力为幼儿教育补短,为高中教育补位。同时,还积极响应国家信息化政策,构建数字时代的新型教育生态体系,将校园食堂视频全部接入市场监督管理局智慧平台进行管理,全面贯彻《H 市"食安校园"三年行动方案》文件精神,推进落实"厨房革命"三年行动计划,给校园食品安全再加码。

开展校园食品安全守护行动关乎广大师生身心健康,关联平安校园稳态建设,是深入贯彻落实中共中央和国务院关于深化改革加强食品安全工作的有益举措,是推动校园食品安全治理体系和治理能力现代化的生动体现。A 区计划推行实施《A 区校园食品安全守护行动实施方案(2020—2022 年)》,该方案位列 A 区食品安全放心工程建设十大提升行动,方案旨在全面落实学校食品安全校长(园长)负责制、学生集体用餐配送单位食品安全主体责任和属地部门管理监督责任。通过全面开展校园食品安全方案,为改善校园及周边食品安全环境、提升校园食品安全守护能力、保障广大师生"舌尖上的安全"提供政策支持,有助强化 H 市"食安校园"整体建设水平。通过健康影响评价可有效降低潜在健康风险与健康危险因素对校园食品安全的消极影响,促进 A 区高质量食品安全区建设。鉴于此,区健康办对该实施方案开展了健康影响评价。

5.1.2 评价实施

(1)部门初筛。该方案涉及面广、社会关注度高,实施意义重大,健康消极影响一旦发生后果严重。经部门筛选认为需要对该实施方案进行健康影响评价。

（2）提交登记。申请评价与备案受理，H市A区市场监督管理局办公室作为起草部门向A区卫生健康局申报项目健康影响评价。

（3）组建专家组。基于方案涉及内容的综合性，区卫生健康局根据"（2+X）模式"，选定了来自浙江省疾病预防控制中心、杭州师范大学和A区卫生健康局、教育局、公安局、市场监管局、教育局、疾病预防控制中心的9名专家组成健康影响评价小组。

（4）专家组筛选。按照健康影响因素清单，由9位评价小组专家对方案条款进行筛选，经过专家评估后，确定对《A区校园食品安全守护行动实施方案（2020—2022年）》进行健康影响评价。评价结果见表5-1。

表5-1　A区校园食品安全守护行动实施方案（2020—2022年）
健康影响评价筛选结果

问题	回答		
	是	不知道	否
该文件（政策）是否可能对健康或健康决定因素产生消极影响？	2/9	0/9	7/9
该文件（政策）是否可能对健康或健康决定因素产生积极影响？	9/9	0/9	0/9
潜在的消极或积极影响是否会波及很多人？（包括目前和将来）	5/9	2/9	2/9
潜在的消极健康影响是否会造成死亡、伤残或入院风险？	2/9	1/9	6/9
对于残疾人群、流动人口、低社会阶层、儿童、老年人、精神病患者、下岗职工等弱势群体而言，潜在的消极影响是否会对其造成更为严重的后果？	2/9	2/9	5/9
该文件（政策）对经济社会发展是否有影响？	7/9	1/9	1/9
该文件（政策）对公众的利益是否有影响？	8/9	1/9	0/9
该文件（政策）是否会成为公众或社会关注的焦点？	8/9	1/9	0/9
是否进行健康影响评价	☑是（9/9）		□否

备注：例如2/9是指9位专家中，有2位选择此项。

结合 A 区部分校区代表的反馈意见,评价专家组给出了筛选意见(见表 5-2)。

表 5-2 健康影响评价专家筛选意见汇总表

文件(政策)名称	A 区校园食品安全守护行动实施方案(2020—2022 年)
文件(政策)起草单位	H 市 A 区市场监督管理局办公室
筛选日期	2021 年 9 月 17 日
筛选方法	专家观点　　头脑风暴

评价专家组筛选结果:

　　本公共政策存在的主要健康影响可能与建设"食安校园"、维护校园食品安全与个人行为因素的生活方式与习惯、健康理念与意识等要素息息相关,与环境因素的水质量、废物处理、食品原材料供应及其安全性、食品生产加工和运输、基础卫生设施等要素关系密切,与公共服务因素中的教育、食品零售、应急响应等要素,社会因素的福利、公平要素,文化政治因素中的家庭、社区、政治、文化等要素联系广泛,同时生理健康、健康公平等健康维度对校园食品安全均有较为明显的健康影响倾向。

专家组组长审定意见:(略)

签字:(略)　　　　　　　　　日期:(略)

参与评议专家及成员签字:(略)

日期:(略)

投票结果统计				
参与人数	投票结果			结论:是否开展健康影响评价
	同意	反对	弃权	
9	9	0	0	☑是　　□否

（5）分析评估。由于该方案对健康多为正向影响，因此，在现有条件下，确定采用综合性程度相对较低的评估方法进行评价。

1）评估分析方法：

①系统文献回顾。通过文献检索，了解 A 区的教育发展、历史事件，搜集有关人群健康状况、卫生需求等内容，进行归纳整理，以此对该方案进一步优化提出建设性建议。

②专家观点、头脑风暴法。对卫生健康局、教育局、公安分局、市场监管局、教育局、疾病预防控制中心等单位的专家进行咨询，以确定健康影响评价的结果和建议，确保优化建议的科学性和严谨性。

③利益相关者研讨会。通过对评估方案所涉及的利益相关方进行半结构化访谈，通晓利益相关者的自我感知和多重意见，掌握方案实地执行状况和现有问题，为优化实施方案、提升健康影响评价成效提供现实依据与支撑。

2）方案文本评价分析。健康影响评价专家组结合方案编制背景、方案相关资料以及可能涉及人群的现状资料，采用定性的方法，逐一对条款进行初步分析，识别所涉及的健康决定因素，预估和描述方案举措可能产生的健康影响，从维护和促进人群健康的角度提出修改建议，形成《健康影响评价分析评估表》（见表 5-3）。

5.1.3 报告与建议

汇总各位专家的意见和建议，形成拟定政策《健康影响评价分析评估表（专家组意见）》（见表 5-3）。区卫生健康局结合专家组意见，另形成总体反馈意见。总体认为 A 区校园食品安全守护行动实施方案（2020—2022 年）内容较全面，制定的措施基本符合实际，能够科学指导下一步 A 区校园食品安全的守护和管理工作。主要意见如下。

（1）该实施方案所涉及的健康决定因素包括经济因素，文化和政治因素，个人、行为因素方面的健康理念和意识、压力，环境因素方面的病媒生物，公共服务因素方面的安全保障，健康公平，生理健康，心理健康等。

（2）该实施方案对校园学生群体健康的积极影响明显，是保障学生在校食品干净卫生营养的重要举措。方案对校园监督管理及工作人员有着约束指导作用，在营造更好的校园生活环境方面具有较大的促进作用，但也可能存在一些消极影响：

1)强调了规范化建设和全员培训,但缺少证明达标的辅助性材料,部分人员浑水摸鱼。

2)强调了定点采购招标配送,忽视了对中标公司在偏远地区学校配送方面的支持和监督。

3)强调了加强食源性疾病防控,但病媒生物、介水传染病防治几乎未提及。

4)强调了数字化智能化管理,要求了台账齐全,未考虑到工作人员的精力有限和生理心理压力。

5)强调了学生配餐的营养,但未考虑到粮食浪费问题。

(3)基于上述影响,专家组提出以下建议:

1)对参加必要性工作培训的人员按照已有标准进行考核,给考核合格者颁发合格证书以资鼓励。

2)增强财政支出的灵活度,对实际工作中需要财政支持的流程环节予以及时可调配的资金支持。

3)简化文本作业流程,优化薪酬待遇结构,及时跟进和更新工作人员的职业生涯规划发展动态以维护工作人员的心理、生理健康。

4)以节约粮食、健康生活为宣教要旨,通过开展多彩多样的健康教育宣传活动以提升各类人群的健康参与热情,通过寓教于行以提高人群的健康素养。

表5-3　A区校园食品安全守护行动实施方案（2020—2022年）
健康影响评价分析评估表（专家组意见）

序号	文件（政策）原文	修改意见	理由	对应的健康决定因素	修改意见的重要性 1（不太重要）～5（非常重要）
1	二、重点任务（二）进一步强化规范化建设。……实行全员培训……	建议对参加培训并通过考核的员工发放培训证书	员工在经过培训后缺乏书面证明来佐证已通过培训考核	文化和政治因素	3
2	三、主要措施（一）严格落实学校食品安全校长（园长）负责制 2.实行大宗食品公开招标、集中定点采购	a.建议加大区镇两级的财政投入、制定规范化的餐费标准。b.建议各级财政对配送公司配送远地区学校给予一定资助	a.民办幼儿园只有乡镇财政投入、区级财政缺少投入。按学生营养需求规模来看，保育费已无法与幼儿园等级相匹配。b.中标公司受利益驱使、缺乏配送到偏远地区学校的意愿，存在消极怠工、推诿责任等现象	经济因素 健康公平	3
3	三、主要措施（二）全面落实校外供餐单位食品安全主体责任 6.提升食品安全管理水平	建议统一培训标准，严格执行	各类培训结果存在差异，监管人员对食品的把关能力和监督水平参差不齐	公共服务（安全保障）	2
4	三、主要措施（二）全面落实校外供餐单位食品安全主体责任 11.加强食源性疾病防控	建议补充病媒生物、介水传染病的防治措施	食品安全守护行动上对病媒生物等的防治提及较少（实际情况中，部分学校食堂落实不到位）	环境因素（病媒生物）	4

续表

序号	文件（政策）原文	修改意见	理由	对应的健康决定因素	修改意见的重要性1（不太重要）～5（非常重要）
5	三、主要措施（一）严格落实学校食品安全校长（园长）负责制5.推进学校食堂管理数字化、智能化	建议简化纸质台账报备流程，减轻工作人员压力	12项台账种类多样且操作繁琐，在推动数字化改革的过程中依然存在应对各种式各样检查的纸质台账留存工作内容，给工作人员造成了很大压力	生理健康心理健康个人/行为因素（压力）	5
6	三、主要措施（五）广泛开展宣传、加强校园食品安全社会共治	建议改善健康餐品的口味，以适应学生口感，同时做好对学生的营养内容的宣传食等约粮	因学生的口感选择偏好、菜品的接受度变不一，健康餐品浪费严重	个人/行为因素（健康理念和意识）	4
7	三、主要措施（四）优化膳食结构、保障学生营养餐质量安全	可联合搭建农产品网络配送平台以实现资源成本的综合优化（各校可根据实际情况决定）	配送单位菜品单一化，各类配送单位未与各个学校形成高效的配送渠道及合力共赢的合作模式	经济因素	2

57

5.1.4 结果应用

健康影响评价意见采纳情况反馈表见表5-4。

表5-4 健康影响评价意见采纳情况反馈表

文件（政策）名称	A区校园食品安全守护行动实施方案（2020—2022年）
文件（政策）发布类别	□政府发布 ☑部门发布
文件（政策）起草部门	B市A区市场监督管理局办公室
备案部门	本级健康办
专家组审核确认结论：是否通过审核	☑通过审核 □未通过审核

健康影响评价意见采纳情况

序号	原文件（政策）条款	可能存在的问题	修改建议	采纳使用情况		
				采纳	部分采纳	不采纳（理由）
1	二、重点任务（二）进一步强化规范化建设……实行全员培训……	员工在经过培训后缺乏书面证明未佐证已通过考核	建议对参加培训并通过考核的员工发放培训证书	采纳		
2	三、主要措施（一）严格落实学校食品安全全校长（园长）负责制 2.实行大宗食品公开招标、集中定点采购	a.民办幼儿园只有乡镇财政投入，区级财政投入少。按学生营养需求规模来看，保育费已无法与幼儿园等级相匹配。b.中标公司受利益驱使，缺乏配送到偏远地区学校的意愿，存在消极怠工、推委责任等现象	a.建议加大区镇两级的财政投入、制定规范化的餐费标准		部分采纳	

续表

序号	原文件（政策）条款	可能存在的问题	修改建议	采纳	部分采纳	不采纳（理由）
				采纳使用情况		
3	三、主要措施（二）全面落实学校供餐单位食品安全主体责任 6.提升食品安全管理水平	各类培训结果存在差异，监管人员对食品的把关能力和监督水平参差不齐	建议统一培训标准，严格执行	采纳		
4	三、主要措施（二）全面落实学校供餐单位食品安全主体责任 11.加强食源性疾病防控	食品安全守护上对病媒生物等的防治提及较少（实际情况中，部分学校食堂落实不到位）	建议补充灭病媒生物、介水传染病的防治措施	采纳		
5	三、主要措施（一）严格落实学校食品安全校长（园长）负责制 5.推进学校食堂管理数字化、智能化	12项台账种类多样繁琐，在推动数字化改革的过程中依然存在对各式各样相对应内容、给石工作留存的纸质台账检查人员造成了很大压力	建议简化纸质台账报备流程，减轻工作人员压力		部分采纳	
6	三、主要措施（五）广泛开展宣传，加强校园食品安全社会共治	因学生的口感选择偏好，对食堂菜品的接受度不一，健康餐品浪费严重	建议改善健康餐品的口感以适应学生口味，同时对学生多做好营养知识、节约粮食等内容的宣传	采纳		

续表

序号	原文件（政策）条款	可能存在的问题	修改建议	采纳使用情况		
				采纳	部分采纳	不采纳（理由）
7	三、主要措施 （四）优化膳食结构，保障学生营养餐质量安全	配送单位菜品单一化，各类配送单位未与各个学校形成高效的配送渠道及合力共赢的配送合作模式	可联合搭建农产品网络配送平台，以实现资源成本的综合优化（各校可根据实际情况决定）		部分采纳	

共　　页　第　　页

政策起草部门联系人：（略）　　电话：（略）

政策起草部门签章：（略）　　　　　　提交日期：（略）

备案人（签字）：（略）　　备案日期：（略）

5.1.5 监测评估

区卫生健康局对方案涉及的健康环境、健康文化、健康产业、健康人群、卫生健康服务等领域进行周期性监测,并结合教育局、学校热线和信访等途径收集相关群体的健康诉求,为方案的编制提供科学精准的决策依据。

5.2 参考案例 2:《B 区妇幼保健院迁建一期工程》健康影响评价报告

5.2.1 项目背景

近年来,我国地区卫生资源与卫生需求不匹配的问题日渐突出,妥善解决卫生资源布局不合理带来的社会问题事关国家发展全局,关乎百姓福祉。党中央、国务院、各级党委和政府历来重视医疗卫生体系建设,2014 年编制完成《全国医疗卫生服务体系规划纲要(2015—2020 年)》,调整医疗卫生资源的布局,提高服务能力和资源利用效率。《浙江省卫生事业发展"十三五"规划》也将医疗卫生服务质量、服务效率和群众满意度的提高、卫生发展主要指标处于全国领先水平、城乡居民主要健康指标达到中等发达国家水平等作为目标。在国务院办公厅明确表示支持医疗卫生事业发展的背景下,浙江省大力促进医疗卫生事业发展的前提下,区政府结合 B 区医疗卫生事业发展现状以及 B 区人民整体就医需求,拟进行妇幼保健院迁建项目。

B 区妇幼保健院,创建于 1987 年,总占地面积 3.5 亩,总建筑面积 6220 平方米,地处 B 区老城区核心地段。由于医院创建时间久远,医院大部分建筑存在功能布局不合理、医院整体布局杂乱无章、医疗环境差等问题。随着区域青壮年人口比例的逐年增加,孕产、婴幼儿医疗需求逐年增加,对于基础配套和环境也有了更高的要求。而 B 区妇幼保健院当前场地拥挤已无发展空间,医疗用房紧张,区域交通拥堵,停车问题突出。因此,亟须解决上述难题。

迁建项目通过招标,已委托浙江省建筑设计研究院进行可行性研究分析,基于可行性研究报告和工程的咨询,迁建选址为信安东路以南、芳桂北路以东、振兴东路以北的区块,力争实现公共交通的无缝衔接。项目依照三级乙等医院的标准建设，规划配置一期床位250张，力争建设成为一个技术先进、服务一流、环境优美，集门急诊、医技、住院、妇幼保健业务指导等功能于一体的三级乙等专科医院。

B区妇幼保健院迁建项目的开展得到了当地居民、政府等各级人员的大力支持。对改善区域卫生资源配置，满足群众多样化、多层次医疗卫生服务需求，推动B区医疗卫生事业健康有序发展有着重要意义。但在项目设计、建设和运营期可能存在噪声、废物处理、安全等可能影响人群健康的隐患，为了减少或消除隐患带来的不良影响，区卫生健康局对B区妇幼保健院迁建一期工程建设期开展了健康影响评价。

5.2.2 评价实施

（1）部门初筛。该迁建项目涉及面广、社会关注度高、实施意义重大，是维护妇女儿童等人群身体健康的重大举措。故经部门筛选，认为需要对该项目一期工程进行健康影响评价。

（2）提交登记。申请评价与备案受理，B区妇幼保健院向区卫生健康局申报项目健康影响评价。

（3）组建专家组。基于迁建项目涉及内容的专业性、综合性，区卫生健康局根据"（2＋X）模式"，选定了来自杭州师范大学和B区卫生健康局、卫生监督所、区妇幼保健院、区疾病预防控制中心、区发展和改革局、区民政局、区交通局、区住房和建设局、区农业农村局、区水利局、区司法局的19名专家，组成健康影响评价小组，参会人员还包括浙江省建筑设计研究院项目工作成员。

（4）专家组筛选。按照健康影响因素清单，由评价小组19位专家对意见条款进行筛选，经过专家评估后，确定对B区妇幼保健院迁建一期工程建设期进行健康影响评价，评价结果见表5-5。评价专家组给出筛选意见（见表5-6）。

（5）分析评估。现有条件下，确定采用综合性程度相对低的评估方法进行评价。

1）评估分析方法

①系统文献回顾。查阅国家、省市级政府在卫生服务业方面的政策文件，知悉B区现有的医疗卫生资源分布的地理环境及人口分布。通过文献检索，熟悉医院建筑的要点和其他地区已有的医院建筑问题、妇幼安全及应急措施，以对该项目提出优化建议。

表 5-5　B 区妇幼保健院迁建一期工程健康影响评价筛选结果

问题	回答		
	是	不知道	否
该工程是否可能对健康或健康决定因素产生消极影响？	3/19	2/19	14/19
该工程是否可能对健康或健康决定因素产生积极影响？	18/19	1/19	0/19
潜在的消极或积极影响是否会波及很多人？（包括目前和将来）	16/19	2/19	1/19
潜在的消极影响是否会造成死亡、伤残或入院风险？	6/19	3/19	10/19
对于残疾人群、流动人口、低社会阶层、儿童、老年人、精神病患者、下岗职工等弱势群体而言，潜在的消极影响是否会对其造成更为严重的后果？	8/19	3/19	8/19
该工程对经济社会发展是否有影响？	16/19	1/19	2/19
该工程对公众的利益是否有影响？	16/19	1/19	2/19
该工程是否会成为公众或社会关注的焦点？	15/19	2/19	2/19
是否进行健康影响评价　☑ 是 （19/19）　☐ 否 （0/19）			

备注：例如 2/19 是指 19 位专家中，有 2 位选择此项。

表 5-6　健康影响评价专家筛选意见汇总表

项目名称	B 区妇幼保健院迁建一期工程
起草单位	B 区妇幼保健院、浙江省建筑设计研究院
筛选日期	（略）
筛选方法	专家观点、头脑风暴

评价专家组筛选结果：

　　B 区妇幼保健院迁建是经过需求预测，调整卫生资源布局，满足居民健康需求的重要之举。科学的设计是前提，真正的落实是关键，安全温馨健康舒适的就医氛围更是维持良好运营，持续造福一方百姓的要点。妇幼是整个社会的关注点，是每个家庭的聚焦点，要尽量规避医院建设方方面面潜在的消极健康影响。同时，医疗建筑环境对医务人员健康也有重要影响，健康的医疗建筑有利于维护医务人员的健康和提升其工作效率及满意度

续表

专家组组长审定意见：			
签字：（略）		日期：（略）	
参与评议专家及成员签字：（略）			
		日期：（略）	
投票结果统计			
参与人数	投票结果		结论：是否开展健康影响评价
	同意	反对	弃权	
19	19	0	0	☑是　　□否

②专家观点头脑风暴法。对 19 名专家进行咨询，以确定健康影响评价的结果和建议，优化建议的科学性和严谨性。

③关键知情人物访谈。对一期建筑周边居民进行访谈，了解建设期对他们生活生产和健康的影响。

④利益相关者调查。对妇幼保健院的医务人员、门诊及住院患者等利益相关者开展院区环境建设满意度调查，了解其对目前妇幼保健院院区门诊部和住院区环境建设的满意度，了解不足之处。同时，为运营期的健康影响评价获得基线数据。

2)结果汇总。健康影响评价专家组结合项目可行性报告编制背景、相关资料以及可能涉及人群的现状资料，采用定性的方法进行初步分析，识别涉及的健康决定因素，预估和描述意见实施所产生的健康影响，从维护和促进人群健康的角度提出修改建议。形成《B 区妇幼保健院一期工程健康影响评价分析表（专家组汇总）》(见表 5-7)。

（6）对一期建筑周边居民访谈。对 10 名居民进行访谈，居民均表示该工程项目拆迁补偿按照国家标准已到位，工程项目建设的噪声能够接受，废物处理和扬尘管理规范，没有给日常的工作和生活带来消极影响。

表 5-7　B 区妇幼保健院迁建一期工程健康影响评价分析表（专家组汇总）

序号	文件（政策）原文	修改建议	理由	健康决定因素	修改建议的重要性评分 1（不太重要）—5（非常重要）
1	6.3.4 无障碍设计	明确道路标识，缩短服务对象找路的时间	院内缺少引导标识，无法了解医院布局会使服务对象产生焦虑情绪	公共服务（治安、安全保障和应急响应）	5
2	6.4.2 给排水工程	建议响应国家政策，除自来水、医疗用水外，增加直饮水的设置	患者获取直饮水的途径较少	环境因素（水质量）	3
3	6.4.5 通风空调工程	建议冷却塔设置在楼顶，每一层都有新风系统，病理的护理单元、检验科的排风系统能够单独调节	排风系统、新风系统的不合理设置可能造成空气的二次污染、院内人员的交叉感染	环境因素（空气质量；病媒生物；工作、生活和学习微观环境）	5
4	8.4 绿化设计	建议各类污水处理皆严格执行标准排放。建议建成后，大型水体可养殖鱼类，小型水体减少水养殖，敬量敬少，多使用本土壤植被	建筑造成的水体污染会使得土地也受到一定的污染、受到污染的水土可能会对人体健康造成危害。医院蓄水池会易滋生蚊虫	环境因素（水质量；土壤质量；病媒生物；绿化环境）	5
5	9.5 项目营运期间环境污染及保护措施	建议做好病房与病房、产房与产房之间的噪声隔离、给房间使用安全感	在项目日营运期间由于不合理的功能分区或非特制材料使得由人产生的噪声对产妇及儿童造成不良影响	环境因素（噪声）	4

续表

序号	文件（政策）原文	修改建议	理由	健康决定因素	修改建议的重要性评分 1（不太重要）— 5（非常重要）
6	9.5 项目营运期间环境污染及保护措施	建议在病区、护理单元设置污物处理间，由专门的污物电梯转运污物。院内设置医疗废弃物暂存间，再走专用通道清运废弃物	医疗废弃物的不合理处置可能造成医院环境污染	环境因素（废物处理）	5
7	10.5 消防	运营期间，定期检查消防器材并定期组织消防演练	医院建成后，需要完善消防设施和消防系统的建设，以免发生重大安全事故	公共服务因素（治安/安全保障和应急响应）	5
8	11.2.2 职工工资及福利	建议基于浙江省的房屋政策，适当地给予职工补贴	在人才政策的背景下，提升职工待遇以吸引和留住优秀人才	社会因素（福利、房屋政策）	3

(7)利益相关者满意度分析

1)征询专家意见。对 B 区妇幼保健院迁建一期工程从空气(室内)、水、舒适、健身和人文关爱 5 个维度 24 个条目的优先等级进行专家意见咨询,共咨询 15 位专家的意见,有效咨询回收率为 100%。数据结果显示,专家认为建筑材料及结构的优先等级最高,在优先等级 1 中占 40.0%;生活饮用水在优先等级 2 中占比最高,为 23.5%,而 17.6% 的专家认为医疗用水和噪声控制更为重要;在优先等级 3 中,选择排风系统和噪声控制的比例最高,为 20.0%;在优先等级 4 中,专家意见分散在噪声控制、绿化设施和医院管理制度中,三个维度各占 20.0%;在优先等级 5 中,选择医院管理制度的比例最高,为 20.0%。

2)医务人员对病区环境影响因素和满意度分析

①医务人员基本情况。本次研究围绕 B 区妇幼保健院医务人员展开,共调查了 59 名医务人员,包括 13 名临床医生、35 名护理人员和 8 名辅助科室人员,问卷回收率为 100%,有效回收率为 100%。形成《B 区妇幼保健院医务人员基本情况》(见表 5-8)。

表 5-8　B 区妇幼保健院医务人员基本情况(N=59)

变量	类别	频数	构成比(%)
性别	男	2	3.4
	女	57	96.6
年龄	30 岁以下	26	44.1
	30~39 岁	19	32.2
	40~49 岁	11	18.6
	50~59 岁	3	5.1
	60 岁及以上	0	0
工作单位	B 区妇幼保健院	59	100.0
工作年限	5 年及以下	17	28.8
	6~10 年	23	39.0
	11~20 年	14	23.7
	21~30 年	4	6.8
	30 年以上	1	1.7

续表

变量	类别	频数	构成比（%）
文化程度	大专	1	1.7
	本科	16	27.1
	研究生及以上	42	71.2
工作类型	临床医生	13	22.0
	护理人员	35	59.3
	辅助科室人员	8	13.6
	公卫人员	0	0
	其他	3	5.1
职称	无职称	30	50.8
	初级职称	20	33.9
	中级职称	7	11.9
	高级职称	2	3.4
月均收入	2500元以下	1	1.7
	2500～3499元	6	10.2
	3500～4499元	20	33.9
	4500～5499元	18	30.5
	5500元及以上	14	23.7

对这些医务人员的调查数据显示，在性别分布上，女性比例（96.6%）明显高于男性（3.4%）；年龄结构以40岁以下为主，占总调查人数的76.3%，40岁及40岁以上仅有23.7%；工作年限与年龄分布相关，集中在10年及10年以下（67.8%）；文化程度方面，学历以本科和硕士研究生及以上为主（98.3%）；在职称方面，以无职称（50.8%）或初级职称（33.9%）为多；月均收入以3500元及3500元以上为主（88.1%）。

②医务人员病区环境影响因素认知分析。对B区妇幼保健院医务人员从高效性、安全性、健康性和舒适性四个方面展开影响因素分析。调查数据显示，75%以上的医务人员认为护理单位的工作效率、导引效率、高效的设备、病人的安全性和建筑的安全性都非常重要。关于光环境、卫生环境和生活设备，70%以上的医务人员认为非常重要。关于声环境、热环境、交往环

境、色彩、室内装修及装饰和绿化及人文景观,60％以上的医务人员非常重要,20％～35％的医务人员认为较为重要,而其余医务人员则认为一般。

③医务人员病区环境满意度分析。从病区环境的空气质量、生活设施等多个维度,对 B 区妇幼保健院医务人员展开满意度调查。调查结果显示,医务人员对医院内的人工照明满足正常工作需要的情况满意程度最高,60％以上的医务人员很满意;而 50％以上的医务人员对室内温度、湿度和通风以及空气质量、卫生设施情况和医院卫生情况、附近交通道路状况、常规交通工具方便程度和周边整体社会环境表示很满意;40％以上的医务人员表示对在医院内接触到舒适的自然光的情况、隔音和噪声情况、室内色彩、室内装修及装饰、交往和活动的空间、生活设施情况、卫生间数量和位置、饮水间数量和位置、室外绿化环境、电梯和自动扶梯使用情况、科室位置导航等导引设施、前往门诊(住院)等部门的通畅和便捷度以及所需时间长短、平面布局的合理性、医患流线交叉性、急救车与社会车辆流线穿插程度、公共停车位(数量)、智能化系统和物流传输系统的使用情况以及周边餐饮购物环境很满意;39.0％的医务人员对室外休闲场地表示很满意。同时,对上述指标表示不满意的医务人员均低于 5％,但有 16.9％的医务人员认为公共停车位的数量还不能满足需求。在病区总体环境方面,45.8％的医务人员表示很满意,35.6％的医务人员表示较为满意,18.6％认为一般。

3)住院患者满意度分析

①住院患者基本情况。本次研究围绕 B 区妇幼保健院住院患者展开,共调查了 63 名住院患者,问卷回收率为 100％,有效回收率为 100％。形成《B 区妇幼保健院住院患者基本情况》(见表 5-9)。

表 5-9　B 区妇幼保健院住院患者基本情况($N=63$)

变量	类别	频数	构成比(％)
性别	男	16	25.4
	女	47	74.6
年龄	25 岁以下	8	12.7
	25～35 岁	37	58.7
	36～45 岁	11	17.5
	46～55 岁	4	6.3
	55 岁以上	3	4.8

续表

变量	类别	频数	构成比（%）
民族	汉族	61	96.8
	少数民族	2	3.2
家庭人口	2人及以下	3	4.8
	3~4人	42	66.6
	5人及以上	18	28.6
婚姻状况	未婚	6	9.5
	已婚	57	90.5
户口类型	本地	1	1.6
	非本地	62	98.4
文化程度	小学及以下	0	0
	初中	18	28.6
	高中/中专	22	34.9
	大专及以上	23	36.5
就业状况	在业（包括灵活就业）	48	76.2
	离退休	0	0
	在校学生	3	4.8
	失业或无业	12	19.0
职业类型	机关、企事业单位负责人	8	12.7
	专业技术人员	4	6.3
	办事人员和有关人员	2	3.2
	商业/服务业人员	9	14.3
	农林牧渔水利业生产人员	0	0
	生产运输设备操作员	2	3.2
	军人	0	0
	其他	38	60.3

变量	类别	频数	构成比(%)
医疗保险	城镇职工医疗保险	19	30.2
	城镇居民医疗保险	11	17.5
	新型农村合作医疗保险	18	28.6
	城乡居民基本医疗保险	4	6.3
	商业医疗保险	1	1.6
	公费医疗	0	0
	其他	2	3.2
	无	8	12.6
家庭年度收入	5万元以下	18	28.6
	≥5万~<10万元	21	33.3
	≥10万~<15万元	9	14.3
	≥15万~<20万元	14	22.2
	20万元及以上	1	1.6
家庭年度医药支出	1000元及以下	19	30.2
	1001~2000元	8	12.6
	2001~3000元	12	19.0
	3001~4000元	3	4.8
	4001~5000元	2	3.2
	5001元及以上	19	30.2
最近医疗点距离	不足1千米	16	25.4
	≥1~<2千米	17	27.0
	≥2~<3千米	4	6.3
	≥3~<4千米	5	7.9
	≥4~<5千米	3	4.8
	5千米及以上	18	28.6

调查结果显示,女性患者占74.6%,男性占25.4%;年龄结构上以45岁及以下为主(占到88.9%),45岁以上的仅占总调查人数的约1/10(11.1%);非本地人口占98.4%;文化程度方面,患者的学历以高中/中专(34.9%)、大

专及以上（36.5%）为主，高中以下学历占比28.6%；从就业状况来看，以在业为主（76.2%）；从职业类型来看，患者多为商业/服务业人员（16.7%），其次是专业技术人员（6.3%）以及机关、企事业单位负责人（12.7%）；从所参加的医疗保险来看，以城镇职工医疗保险（30.2%）和新型农村合作医疗（28.6%）为主；从患者家庭年度收入看，为5万~10万元的患者为主（33.3%）；从家庭年度医药支出方面看，以1000元以下（30.2%）和5000元及以上（30.2%）为主；从最近医疗点距离来看，2千米以内（52.4%）为主，其次5千米以上（28.6%）居多。

②住院患者医院环境满意度分析。对B区妇幼保健院住院患者从科室布局、院内设施、病房环境等多个维度展开满意度分析。

调查结果显示，对于住院病房洗漱、淋浴等盥洗设施、病房家属陪护设施、健康宣传教育物品、院内的锻炼设施配备、科室位置导航、病房隐私保护设施等，75%以上的患者非常满意；对于院内科室布局、无障碍设施、餐饮服务设施、病房噪声及异味情况、休憩设施、生活服务设施、病房光照情况、病房装饰色彩和风格、植物景观丰富程度、艺术品陈列、到达院内目的地的便捷程度、互联网设施、医疗就诊设备，70%以上的患者非常满意；对于病房温度、通风情况、病房装饰材料，65%以上的患者非常满意。对于院内建筑和服务设施、病房环境和景观装饰，仅有少数患者（低于5%）表示不满意。

4)门诊患者医院环境满意度调查

①门诊患者基本情况。本次研究围绕B区妇幼保健院门诊患者展开，共调查了60名门诊患者，问卷回收率为100%，有效回收率为100%。形成《B区妇幼保健院门诊患者基本情况》（见表5-10）。

调查结果显示，女性患者占73.3%，男性占26.7%。患者以45岁以下的为主（占到88.3%），45岁以上的仅占总调查人数的约1/10（11.7%）；非本地占比6.7%；文化程度方面，患者的学历以初中及以下为主（77.1%），大专及以上占比15.1%；从就业状况来看，以在业（60.0%）为主；从职业类型来看，16.7%为商业/服务业人员，其次是专业技术人员（15.0%）以及机关、企事业单位负责人（11.6%）；从所参加的医疗保险来看，以城镇职工医疗保险（26.9%）和新型农村合作医疗（30.0%）为主；从家庭年度收入方面，以5万~10万元的为主（36.6%）；从家庭年度医药支出方面，以2000元及以下（33.3%）的为主；从最近医疗点距离来看，以3千米以内（64.9%）为主，其次以5千米以上（16.7%）居多。

表 5-10　B 区妇幼保健院门诊患者基本情况（N＝60）

变量	类别	频数	构成比（%）
性别	男	16	26.7
	女	44	73.3
年龄	25 岁以下	6	10.0
	≥25～<35 岁	35	58.3
	≥35～<45 岁	12	20.0
	≥45～<55 岁	6	10.0
	55 岁及以上	1	1.7
民族	汉族	59	98.3
	其他民族	1	1.7
家庭人口	2 人及以下	5	8.3
	3～4 人	39	65
	5 人及以上	16	26.7
婚姻状况	未婚	5	8.3
	已婚	55	91.7
户口类型	本地	56	93.3
	非本地	4	6.7
文化程度	小学及以下	79	44.1
	初中	59	33.0
	高中/中专	14	7.8
	大专及以上	27	15.1
就业状况	在业	36	60.0
	在校学生	8	13.3
	失业或无业	16	26.7

续表

变量	类别	频数	构成比（%）
职业类型	机关、企事业单位负责人	7	11.6
	专业技术人员	9	15.0
	办事人员和有关人员	2	3.3
	商业/服务业人员	10	16.7
	农林牧渔水利业生产人员	1	1.7
	其他	31	51.7
医疗保险	城镇职工医疗保险	16	26.9
	城镇居民医疗保险	5	8.4
	新型农村合作医疗保险	18	30.0
	城乡居民基本医疗保险	6	10.0
	公费医疗	1	1.9
	两种医保	6	10.9
	无	8	11.9
2020年度收入	5万元及以下	12	20.0
	>5万～10万元	22	36.6
	>10万～15万元	9	15.0
	>15万～20万元	10	16.7
	20万元及以上	7	11.7
2020年度医药消费支出	2000元及以下	20	33.3
	2001～3000元	12	20.0
	3001～4000元	10	16.7
	4001～5000元	2	3.3
	5001～6000元	9	15.0
	6000元以上	7	11.7
最近医疗点距离	不足1千米	8	13.3
	≥1～<2千米	17	28.3
	≥2～<3千米	14	23.3
	≥3～<4千米	4	6.7
	≥4～<5千米	7	11.7
	5千米及以上	10	16.7

②门诊患者医院环境满意度分析。对 B 区妇女保健院门诊患者开展医院环境满意度调查。调查结果显示,对于门诊大厅的环境,以满意的患者为主(51.6%);在缺少的设施方面,46.7%的门诊患者选择停车场,其次是绿地(28.3%);96.7%的患者希望诊室以一医一患为主;对于医院大门到门诊部的距离、挂号窗口的数量、导医台、咨询处设置的位置,80%以上的患者认为合适;对于门诊大厅至门诊各科室的距离、门诊大厅座椅数量、等候空间的大小公共卫生间的数量及使用,70%~80%的患者表示满意;60%~70%的患者认为门诊大厅到各个诊室方便,自动扶梯数量适中,并希望科室等候空间布置不同;对于在走廊、大厅等公共空间行走时获得准确方向的途径,首选指路牌(43.3%),其次是医护人员的指引(39.8%);楼梯和电梯使用的满意度都在 40%~50%,不满意的原因主要是患者和工作人员未分开、楼(电梯)太窄;对于医院门诊楼的满意度评价,53.2%的患者表示满意,其中很满意的占11.7%,其次为一般(28.3%)。

5.2.3　报告与建议

整理汇总各位专家的意见和建议,形成《健康影响评价分析评估表(专家组意见)》。在罗列专家意见的基础上,区卫生健康局结合专家意见,另形成总体反馈意见。总体意见如下:

1)B 区妇幼保健院迁建一期工程项目设计理念绿色先进,可行性报告内容较详实,立体化地呈现了区妇幼保健院的未来布局,整体符合医院建筑的要求和医院的发展定位。为了进一步深化和完善报告成果,专家组形成以下健康影响评价建议。

2)该意见稿涉及的健康决定因素包括公共服务(治安/安全保障和应急响应),环境因素(水质量;土壤质量;空气质量;噪声;废物处理;绿化环境;病媒生物;工作、生活和学习微观环境),社会因素(福利;房屋政策)。

3)B 区妇幼保健院迁建一期工程的健康影响主要表现:

①积极影响:B 区城市化建设进程快速推进,大型项目落户及外来人口增多,孕产、婴幼儿医疗需求逐年增加,区妇幼保健院迁建工程有利于解决医疗用房紧张、区域交通拥堵等问题,满足 B 区居民健康需求。

②可能存在的消极影响:

a.设计合理但弱化了人的感受。患者的舒适度和满意度是区妇幼保健院持续良好运营的动力。

b. 运营初期,医务人员的归属感和幸福感是留住人才的关键,避免因资金问题造成院内职工工作压力陡增、人才流失。

c. 出入口众多分流效果预期良好,注重主要出入口的畅通效果,保证急救通道的畅通。

d. 医院设计理念独具地方特色,功能较全面;医院运营后,进一步开展有针对性的医疗服务,更好地满足周边居民的健康需求。

4)针对上述消极影响,专家组提出以下可行性建议:

①提高医务人员业务水平,优化服务态度。医院内部软装要充分考虑孕产妇和孩子的心理、直观感受,营造温馨安全的活动空间。适当地引入商业产业,减少心理上的恐惧感。院内设置较为醒目的导引标识,更好地引导人群。

②做好讲解,让医务人员快速地熟悉建筑和功能区布局。关注员工心理健康。

③根据相应的国家标准及相关的政策标准,设置出入口的数量、宽度以及连接到外部交通的距离。

④创建医院的"特色",提高声誉与知名度,吸引更多人群就诊。建立有特色的门(急)诊、科室,如孕前心理辅导科室等。

⑤在对楼宇进行装修时,参考医务人员及患者满意度调查情况,满足其合理需求,增加公共停车场数量及绿化面积,采取一医一患的科室设置,设置医务人员专属通道,加大楼(电梯)的空间等。

5.2.4　提交备案

本报告提交 B 区卫生健康局健康办备案。

5.2.5　结果应用

健康影响评价意见采纳情况反馈见表 5-11。

5.2.6　监测评估

区卫生健康局建立健康治理监测评价体系,对方案所涉及的健康环境、健康产业、健康人群等领域进行周期性监测,并结合卫生健康局、司法局、妇幼保健院热线和信访等途径,收集相关群体的健康诉求,为方案的编制提供科学精准的决策依据。

表 5-11　健康影响评价意见采纳情况反馈表

项目名称	B 区妇幼保健院迁建一期工程					
发布类别	□ 政府发布　☑ 部门发布					
起草部门	B 区妇幼保健院、浙江省建筑设计研究院					
备案部门	本级健康办					
专家组审核确认结论：是否通过审核		☑ 通过审核　□ 未通过审核				
健康影响评价意见采纳情况						
序号	原政策条款	可能存在的问题	修改建议	采纳使用情况		
				采纳	部分采纳	不采纳
1	6.3.4	院内缺少引导标识，无法了解医院布局将使服务对象产生焦虑情绪	明确道路标识，缩短服务对象找路的时间	采纳		
2	6.4.2	患者获取直饮水的途径较少	建议响应国家政策，除自来水、医疗用水外，增加直饮水的设置	采纳		
3	6.4.5	排风系统、新风系统不合理设置可能造成空气中二次污染及院内人员的交叉感染	建议将冷却塔设置在楼顶，每一层的护理单元都有新风系统。病理科、检验科的排风系统能够单独调节	采纳		
4	8.4	建筑造成的水体污染，受到污染的水土可能会对人体健康产生危害。医院蓄水池易滋生蚊虫	建议各类污水处理皆严格执行标准排放。大型水体可养殖鱼类，小型水体减少水体养殖，多使用土壤植被	采纳		

续表

序号	原政策条款	可能存在的问题	修改建议	采纳使用情况		
				采纳	部分采纳	不采纳
5	9.5	在项目运营期间，由于不合理的功能分区或非特制材料使得由人产生的噪声或对产妇及儿童造成不良影响。医疗废弃物的不合理处置可能造成医院环境污染	建议做好病房、产房与产房之间的噪声隔离。备用使用房间者营造舒适与安全感。建议在疾病区，护理单元设置医疗废弃物暂存空间，再走专用通道清运废弃物	采纳		
6	10.5	医院建成后，需要完善消防设施和消防系统的建设，以免发生重大安全事故	运营期间，定期检查消防器材并定期组织消防演练	采纳		
7	11.2.2	在人才政策的背景下，提升职工待遇以吸引和留住优秀人才	建议基于浙江省的房屋政策，适当地给予职工补贴		部分采纳	
8	全文	设计合理但弱化了人的感受，患者的舒适度和满意度是医院运营的动力。医护人员的归属感和幸福感是留住人才的关键	提高医务人员业务水平，优化服务态度。医院内部软装要充分考虑孕妇和孩子的心理，适当地引入商业受型的就医氛围。适当地引入商业，直观感受，营造享受型的就医氛围，减少心理上的恐惧感。院内设置较为醒目的导引标识，更好地引导人群。做好讲解，让医务人员快速地熟悉建筑和功能区布局。关注员工心理健康	采纳		

续表

序号	原政策条款	可能存在的问题	修改建议	采纳使用情况		
				采纳	部分采纳	不采纳
9	全文	医院设计理念独具地方特色，功能设想全面，医院运营后，要有针对性地更好地满足周边居民的健康需求	创建医院的"特色"，提高声誉与知名度，吸引更多人群就诊。建立有特色的门/急诊的辅导科室，戒烟门诊、孕前中医调理科等	采纳		
10	全文	在三孩政策的支持和推动下，医护人员的生育问题要受到重视	医院做好人才梯队建设部署，避免因医护人员扎堆生育导致人力资源出现大量缺口	采纳		
11	全文	无痛技术发展，麻醉药的需求加大，药品保存和使用监管需重视	建议医院做好麻醉类药品监管、台账记录等	采纳		

共　　页　　第　　页

项目设计/建设部门联系人：(略)　　电话：(略)

项目设计/建设部门签字盖章：(略)

备案人(签字)：(略)　　备案日期：(略)

提交日期：(略)

(项目设计/建设部门填写)

补充支持材料：B区妇幼保健院负责督促相关方提供消防安全设置(尤其是地下消毒供应中心)的论证材料/文件，核医学安全论证材料。

5.3 参考案例3：《C市关于加快推进慈善事业高质量发展的实施意见办法》健康影响评价报告

5.3.1 项目背景

为深入贯彻《中共中央国务院关于支持浙江高质量发展建设共同富裕示范区的意见》，全面落实省委、省政府《关于加快推进慈善事业高质量发展的实施意见》及市委、市政府《关于着力打造六大示范区推进新时代民政事业高质量发展的实施意见》《C市争当浙江高质量发展建设共同富裕示范区城市范例的行动计划（2021—2025年）》，将C市打造成为新时代全面展示中国特色社会主义制度优越性的"重要窗口"。C市民政局结合实际，代拟了《关于加快推进慈善事业高质量发展的实施意见》（以下简称"实施意见"），旨在通过培育慈善多元主体、推动慈善活动创新、推进慈善融合发展、加强慈善监督管理和健全慈善保障机制，助力C市成为浙江高质量发展建设共同富裕示范区的城市范例。为落实健康融入慈善事业高质量发展，C市民政局向C市健康办提交了"实施意见"健康影响评价备案登记，C市健康办组织专家对"实施意见"进行了健康影响评价。

5.3.2 评价实施

（1）部门初筛。C市民政局根据《C市公共政策健康影响评价试点实施方案（试行）》有关要求，在年初提交了拟由市政府发文的政策文件目录，经C市健康办初筛，将"实施意见"列入拟评价对象。

（2）递交登记。"实施意见"征求意见稿成文后，C市民政局向C市健康办提交健康影响评价备案登记，C市健康办登记受理后，对文件涉及的健康领域进行分类筛选。

（3）组建专家组。基于"实施意见"涉及内容的综合性，C市健康办根据"（2＋X）模式"，选择来自人口城市化与环境变迁、卫生健康政策、社会医学与卫生事业管理等领域的5名专家组成健康影响评价专家组。

（4）快速筛选。C市健康办通过"C市公共政策健康影响评价辅助决策系统"发布项目，5名专家登录系统对"实施意见"内容进行快速筛选，确定开展健康影响评价。快速评价结果见表 5-12。

表 5-12 关于加快推进慈善事业高质量发展的实施意见快速评价汇总

问题	回答		
	是	不知道	否
该文件(政策)是否可能对健康或健康决定因素产生消极影响?	1/5	0/5	4/5
该文件(政策)是否可能对健康或健康决定因素产生积极影响?	5/5	0/5	0/5
潜在的消极或积极影响是否会波及很多人? (包括目前和将来)	5/5	0/5	0/5
潜在的消极健康影响是否会造成死亡、伤残或入院风险?	1/5	1/5	3/5
对残疾人群、流动人口、低社会阶层、儿童、老年人、精神病患者、下岗职工等弱势群体而言,潜在的消极影响是否会对其造成更严重的后果?	2/5	1/5	2/5
该文件(政策)对经济社会发展是否有影响?	5/5	0/5	0/5
该文件(政策)对公众的利益是否有影响?	5/5	0/5	0/5
该文件(政策)是否会成为公众或社会关注的焦点?	5/5	0/5	0/5
是否进行健康影响评价	☑是(5/5)		□否

5.3.3 报告与建议

专家通过"C 市公共政策健康影响评价辅助决策系统",在线阅读"实施意见",利用决策系统内嵌文献检索功能,对"实施意见"相关表述的关键词进行文献循证,并完成评价意见建议的线上批注。各位专家组成员完成在线评估之后,专家组组长对意见建议进行汇总和整理,形成《健康影响评价意见反馈表》(表 5-13)及《健康影响评价分析表》(表 5-14)。

表 5-13　健康影响评价意见反馈表

文件（政策）名称	关于加快推进慈善事业高质量发展的实施意见（征求意见稿）
文件（政策）起草单位	C 市民政局
筛选日期	略
筛选方法	专家观点 头脑风暴

评价专家组筛选结果：

　　高质量推进 C 市慈善事业发展是推动社会公平的重要途径，是打造共同富裕示范区城市范例的重要内涵。让慈善事业在阳光下运营是慈善事业的生命力所在。推进慈善事业发展，需要着重考虑服务对象的公平可及，服务质量的保障，才能让好事情更好。

专家组组长审定意见：略

签字：略　　　　　日期：略

参与评议专家及成员签字：略

日期：略

投票结果统计

参与人数	投票结果			结论：是否开展健康影响评价	
	同意	反对	弃权		
5	5	0	0	☑是	□否

表 5-14 关于加快推进慈善事业高质量发展的实施意见健康影响评价分析表（专家组汇总）

序号	文件（政策）原文	修改意见	理由	对应的健康决定因素	修改意见的重要性 1（不太重要）—5（非常重要）
1	加强慈善监督管理	建议增加"慈善信息公开透明建设"	慈善信息不能公开透明，严重影响慈善公共资源的配置非效率，从而导致在有些善领域未得到应有的关注。从而威胁到应受到社会关注的群体健康。并且信息不公开透明、会导致市民对慈善事业缺乏信任。一定程度上影响人们的心理健康、甚至改变或抑制人们的慈善捐赠行为	教育/社会保障/医疗卫生服务/养老服务/社会救助/幼儿托管服务/食品零售/交通运输/文化娱乐休闲服务/治安/安全保障和应急响应/能源可及性	5
2	市委、市政府《C市当争浙江高质量发展建设共同富裕示范区城市范例的行动计划（2021—2025年）》	建议此处增加履行有关国际公约的表述，并与市委、市政府推进C市旅游国际化的有关战略行动方案结合起来	慈善事业的推进如果不能根据国际公约来规范，可能会威胁受保护人群的身心健康	相互支持	5
2	规范化	增加"透明化"表述，让慈善事业在阳光下运营	缺乏公开透明会通过社会化的传导最终威胁和影响人们的身心健康	教育/社会保障/医疗卫生服务/养老服务/社会救助/幼儿托管服务/食品零售/交通运输/文化娱乐休闲服务/治安/安全保障和应急响应/能源可及性	5

续表

序号	文件（政策）原文	修改意见	理由	对应的健康决定因素	修改意见的重要性 1(不太重要)－5(非常重要)
4	15亿元	建议信托资金目标应增加到20亿元，这才能与C市作为超大城市的建设基本相适应	慈善信托资金过少可能无法满足C市人口突破1000万以后有待帮助的慈善需要，弱势群体的未能满足到得到满足导致他们的健康水平下降	教育/社会保障/医疗卫生服务/养老服务/残疾人服务	5
5	鼓励发展科教文体等新兴领域的慈善组织	增加"打造善环境友好型城市"表述	慈善环境不友好可能影响社会组织和个人做慈善的积极性，从而导致慈善要慈善关注的群体无法得到慈善资源而使身心健康持续受危害	空气质量/水质量/土壤质量/噪声/废物处理/气候变化/能源供应的清洁性/食物原材料供应及其安全性/食品生产，加工和运输/工作/病媒生物/绿化环境/自然灾害/交通安全性/生物多样性/文化娱乐场所和设施/健身场地和设施/基础卫生设施	5
6	（四）建设完善善善基地	增加"建立严格保护慈善组织场地严格用于慈善事业，任何其他公共部门、私人部门和个人都不得侵占和违规使用慈善组织场地"的有关表述	慈善组织的场地被征用或者非慈善行为的开展，从而使性使用慈善帮助的人群无法得到合适和及时的慈善空间，而影响康复	教育/社会保障/医疗卫生服务/养老服务/社会救助/幼儿托管服务/食品零售/交通运输服务/安全保障和应急治安/能源可及性	5

续表

序号	文件(政策)原文	修改意见	理由	对应的健康决定因素	修改意见的重要性1(不大重要)～5(非常重要)
7	支持慈善组织参与社会救助工作	建议增加"探索个人和企业慈善捐赠与税收减免之间的融合机制,鼓励社会组织和个人积极参与慈善事业"之类的表述	缺少慈善与税收减免之间的融合,能影响个人和企业做慈善的积极性,从而影响可持续发展,不利于需要帮助的人的身心健康	饮食/身体活动/静坐生活方式/出行方式/吸烟/饮酒毒品及药物滥用/休闲娱乐活动/不安全性行为/生活技能(含避险行为)/世界观,人生观和价值观/健康理念和意识/压力/自尊/自信	5
8	推进慈善融合发展	增列一条——"促进慈善事业与公益创业融合发展",与上文提到的促进慈善领域的公益创投结合起来	慈善事业如果没法形成公益创业的造血机制,可影响慈善事业的可持续发展,从而影响很多需要帮助的人	教育/社会保障/医疗卫生服务/养老服务/残疾人服务/社会救助/幼儿托管服务/文化娱乐休闲服务/食品零售/文通运输/安全保障和应急治安/能源可及性	5

续表

序号	文件（政策）原文	修改意见	理由	对应的健康决定因素	修改意见的重要性 1（不太重要）—5（非常重要）
9	离退休干部符合兼职相关政策要求的，经组织（人事）部门同意兼任的各级慈善总会按标准报销交通费、住宿费、误餐费、通讯费、图书资料费等工作经费	删除这一条，改为"鼓励离退休人员发挥余热到慈善组织做无偿劳动，参与慈善活动发生的实际费用等同慈善组织的普通人员报销。C市要敢于打破离退休干部到慈善组织兼职的惯例，推动慈善组织改革，从社会化和公益性改革，实现慈善主体多元，实现慈善领域的组织和慈善资源的公平竞争和慈善资源配置	离退休人员如果继续在慈善组织领取有偿劳动会影响慈善组织的公平性	教育/社会保障/医疗卫生服务/养老服务/残疾人服务/社会救助/幼儿托管服务/食品零售交通运输/文化娱乐休闲服务/治安/安全保障和应急响应/能源可及性	5
10	以政府牵头，民政、宣传、教育、文化、财政、税务、人社、工会、团委、妇联、残联、红十字会、慈善总会等部门和组织参加的慈善事业联席会议制度	联系会议部门中增加审计部门	缺少专业性的审计力量介入，会降低服务公平性监管水平	教育/社会保障/医疗卫生服务/养老服务/残疾人服务/社会救助/幼儿托管服务	5

续表

序号	文件(政策)原文	修改意见	理由	对应的健康决定因素	修改意见的重要性 1(不大重要)—5(非常重要)
11	承接政府委托或转移的职能	承接政府及具有公益性质的服务类单位/机构/公立医疗机构等)委托或转移的职能(如公立医疗机构/公立教育机构等)委托或转移的职能	仅"承接政府委托或转移的职能"范围偏窄,不利于慈善基金的覆盖面延伸至健康领域	基础卫生设施	5
12	新时代文明实践所(站、点)、村(社区)党群服务中心(站)、邮政便民服务工作站,现有商业网点等公共场所及企事业单位举办慈善超市或者建立爱心驿站、慈善家园、慈善社区、慈善学校、慈善广场(公园)等、构建城乡基层慈善综合服务平台	增加社区卫生服务机构及体育锻炼场馆	公共场所应包含与健康相关的社区卫生服务机构及体育锻炼场馆,从而提升居民健康素质,助力慈善社会的建立	医疗卫生服务	5
13	精准帮扶、大型活动、社区运营和社会治理	精准帮扶、大型活动、社区运营、健康服务、养老服务和社会治理	考虑到健康公平性:公共服务需包含以健康为主的医疗卫生和以社会保障为主的养老服务	社会保障/医疗卫生服务/养老服务	5

续表

序号	文件（政策）原文	修改意见	理由	对应的健康决定因素	修改意见的重要性 1（不太重要）—5（非常重要）
14	坚持常态慈善与应急救助融合发展，总结我市在新冠疫情防控中的先进经验，建立常态慈善与应急救助融合协作机制。重视发挥慈善应急协作机制中慈善行业组织的资源整合与行业枢纽作用。提升资源的配置和使用效率，积极扶持各类应对突发事件慈善项目。重视慈善组织的应急预案、应急仓储机制、应急物流机制、应急合作机制等的建设	增加"建立常态慈善与应急救助管理体系，开展常态慈善与应急救助建设工作"法规	【突发事件】预防、制止或控制危害社会的行为，保护公民的人身健康。应对突发公共事件需要包含应急管理的"一案三制"。"一案"是指制订的应急预案；"三制"是指建立健全应对应急的体制、机制和法制。本部分描述不完整	治安/安全保障和应急响应	5

续表

序号	文件（政策）原文	修改意见	理由	对应的健康决定因素	修改意见的重要性 1（不太重要）—5（非常重要）
15	民政、宣传、教育、文化、财政、税政、人社、工会、团委、妇联、残联、红十字会、慈善总会等部门和组织	增加"卫生部门"	未纳入医疗卫生健康部门不利于疫情防控、医疗服务等工作	医疗卫生服务	5
16	政务大厅、城市地标、公共交通、车站、码头、广场、公园、电子屏及各类媒体等阵地	增加"医疗卫生服务机构"	【公共交通】咳嗽、呼吸系统疾病（哮喘、慢性支气管炎等）、肺功能下降、交通意外伤害、听力损伤、急性眼刺激、身体活动减少。医疗卫生服务机构面向的人群比较精准，有利于慈善及健康相关理念的传播	出行方式	5

5.3.4 提交备案

本报告提交 C 市卫健局健康办备案。

5.3.5 结果应用

C 市健康办通过健康影响评价辅助决策系统，汇总审核"实施意见"健康影响评价分析表，并反馈汇总至市民政局。汇总至市民政局逐条分析后，将采纳情况书面反馈、汇总至市健康办存档，具体采纳情况见表 5-15。

表 5-15 公共政策健康影响评价结果采纳情况汇总表

文件(政策)名称	关于加快推进慈善事业高质量发展的实施意见(征求意见稿)				
文件(政策)发布类别	□ 政府发布　　√部门发布				
文件(政策)起草部门	C 市民政局				
备案部门	本级健康办				
专家组审核确认结论:是否通过审核		√通过审核　　□未通过审核			
健康影响评价意见采纳情况					
序号	原文件(政策)条款	可能存在的问题	修改建议	采纳使用情况		
				采纳	部分采纳	不采纳(理由)
1	加强慈善监督管理	慈善信息不能公开透明,严重影响慈善公共资源的配置非效率,从而导致有些需要增加投入和重点关注的慈善领域未得到应有的关注,从而威胁到应该受到社会慈善关注的群体健康,而且由于信息不能公开透明,导致市民对慈善事业缺乏信任,一定程度影响人们的心理健康,甚至改变或抑制人们的慈善捐赠行为	建议增加"慈善信息公开透明建设"	采纳		

续表

序号	原文件(政策)条款	可能存在的问题	修改建议	采纳使用情况		
				采纳	部分采纳	不采纳(理由)
2	市委、市政府《C市争当浙江高质量发展建设共同富裕示范区城市范例的行动计划(2021—2025年)》	慈善事业的推进如果不能根据国际公约来规范,可能会威胁到受保护人群的身心健康	建议此处增加履行有关国际公约的表述,并与市委、市政府推进C市旅游国际化的有关战略和行动方案结合起来			慈善业务目前不涉及国际公约
3	规范化	缺乏公开透明会通过社会化的传导最终威胁和影响人们的身心健康	增加"透明化"表述,让慈善事业在阳光下运营	采纳		
4	15亿元	慈善信托资金过少可能无法满足C市人口突破1000万以后有待帮助人群的需要,弱势群体的慈善需求无法得到满足导致他们的健康水平下降	建议将信托资金目标应增加到20亿元,这才能与C市作为超大城市建设基本相适应			该指标根据过去5年慈善信托增长速度测算而来,指标制定客观合理
5	鼓励发展科教文体与环保等新兴领域的慈善组织	慈善环境不友好可能影响社会组织和个人做慈善的积极性,从而导致需要慈善关注的群体无法得到慈善资源而使健康水平下降	增加"打造慈善环境友好型城市"的表述	采纳		
6	(四)建设完善慈善基地	慈善组织的场地被征用或者非慈善性使用影响慈善行为的开展,从而使需要帮助的人群慈善服务的可及性下降	增加"建立慈善组织场地严格用于慈善事业的管理办法,任何其他公共部门、私人部门和个人都不得侵占和违规使用慈善组织场地"的有关表述	采纳		

续表

序号	原文件（政策）条款	可能存在的问题	修改建议	采纳使用情况		
				采纳	部分采纳	不采纳（理由）
7	支持慈善组织参与社会救助工作	缺少慈善与税收减免之间的融合可能影响个人和企业做慈善的积极性和激励性，从而影响慈善事业的可持续发展，威胁很多需要帮助的人的身心健康	建议增加"探索个人和企业慈善捐赠与税收减免之间融合的慈善激励机制，鼓励社会组织和个人积极参与慈善事业"等的表述		税收减免政策由财政部、国家税务总局确定，全国统一执行，地方暂无创新空间；其余部分采纳	
8	推进慈善融合发展	慈善事业如果没法形成公益创业的造血机制，影响慈善事业的可持续发展，从而影响很多需要帮助的人	增列一条"促进慈善事业与公益创业融合发展"，与上文提到的促进慈善领域的公益创投结合起来	采纳		
9	离退休干部符合兼职相关政策要求的，报经组织（人事）部门同意兼职后，可以在兼职的各级慈善总会按标准报销交通费、住宿费、通信费、误餐费、图书资料费等工作经费	离退休人员如果继续在慈善组织领取有偿劳动，影响慈善事业的公平性	删除这一条，改为"鼓励离退休人员发挥余热到慈善组织做无偿劳动，参与慈善活动发生的实际费用等同慈善组织的普通人员报销"。C市要敢于打破离退休干部到慈善组织兼职的惯例，下决心推动慈善组织的社会化和公益性改革，从而实现慈善主体多元，实现慈善领域的组织间公平竞争和慈善资源的公平配置			根据组织部门要求，离退休人员不得在兼职的慈善组织领取报酬，但因工作产生的经费可根据慈善总会财务制度标准报销

续表

序号	原文件(政策)条款	可能存在的问题	修改建议	采纳使用情况		
				采纳	部分采纳	不采纳(理由)
10	以政府牵头,民政、宣传、教育、文化、财政、税务、人社、工会、团委、妇联、残联、红十字会、慈善总会等部门和组织参加的慈善事业联席会议制度	缺少专业性的审计力量介入,会降低服务公平性监管水平	联系会议部门中增加审计部门	采纳		
11	积极完善志愿者培训制度	【志愿者】获得个人内在满足感,有益于人际关系培养,强化社会责任感,拉近距离,减少疏离感,缓解社会矛盾,促进社会稳定,人格建立、精神慰藉、身心健康。志愿者准入,有助于避免志愿者服务负面影响	增加准入制度			志愿者管理已有相关制度,不需重复制定
12	扶老济困、助医助残类	扶老济困、助医助残服务于脆弱人群,应同时还有幼儿及孕妇。不纳入幼儿及孕妇易产生健康不公平	培育扶老济困、助医助残、幼儿孕妇支持类慈善组织	采纳		

93

续表

序号	原文件（政策）条款	可能存在的问题	修改建议	采纳使用情况		
				采纳	部分采纳	不采纳（理由）
13	承接政府委托或转移的职能	仅"承接政府委托或转移的职能"范围偏窄，不利于慈善基金的覆盖面延展至健康领域	承接政府及具有公益性质的服务类单位/机构（如公立医疗机构/公立教育机构等）委托或转移的职能			该条目仅指慈善行业组织，不同于一般开展慈善业务的慈善组织；目前，慈善组织与医疗机构、教育机构已开展深入的合作
14	新时代文明实践所（站、点）、村（社区）党群服务中心（站）、社会工作站、邮政便民服务站、现有商业网点等公共场所及企事业单位举办慈善超市或者建立爱心驿站、博爱家园、慈善社区（乡村）、慈善学校、慈善广场（公园）等，构建城乡基层慈善综合服务平台	公共场所应包含与健康相关的社区卫生服务机构及体育锻炼场馆，从而提升居民健康素质，助力慈善社会的建立	增加社区卫生服务机构及体育锻炼场馆	采纳		
15	精准帮扶、大型活动、社区运营和社会治理	考虑到健康公平性，公共服务需包含以健康为主的医疗卫生和以社会保障为主的养老服务	精准帮扶、大型活动、社区运营、健康服务、养老服务和社会治理	采纳		

续表

序号	原文件(政策)条款	可能存在的问题	修改建议	采纳使用情况		
				采纳	部分采纳	不采纳(理由)
16	坚持常态慈善与应急救助融合发展,总结我市在新冠疫情防控中的先进经验,建立常态慈善与应急救助融合协作机制。重视发挥慈善应急协作机制中慈善行业组织的资源整合与行业枢纽作用,提升资源的横向和纵向的配置及使用效率。积极扶持各类应对突发事件救助的慈善组织与慈善项目。重视慈善组织应急预案机制、应急仓储机制、应急物流机制、应急合作机制等的建设	【突发事件】预防、制止或控制危害社会的行为发生,保护公民的人身健康。应对突发公共事件需要包含应急管理的"一案三制"。"一案"是指制订修订应急预案;"三制"是指建立健全应急的体制、机制和法制。本部分描述不完整	增加"建立常态慈善与应急救助管理体系,开展常态慈善与应急救助法制法规建设工作"	采纳		
17	民政、宣传、教育、文化、财政、税务、人社、工会、团委、妇联、残联、红十字会、慈善总会等部门和组织	未纳入医疗卫生健康部门不利于后疫情时代的疫情防控工作	增加"卫生部门"	采纳		

续表

序号	原文件（政策）条款	可能存在的问题	修改建议	采纳使用情况		
				采纳	部分采纳	不采纳（理由）
18	政务大厅、城市地标、公共交通、车站码头、广场公园、电子屏及各类媒体等阵地	【公共交通】咳嗽、呼吸系统疾病（哮喘、慢性支气管炎等）、肺功能下降、交通意外伤害、听力损伤、急性眼刺激、身体活动减少。医疗卫生服务机构面向的人群比较精准，有利于慈善及健康相关理念的传播	增加"医疗卫生服务机构"	采纳		

共　页　第　页

政策起草部门联系人：略　　　　　　　　　　　电话：略

政策起草部门签章：略

提交日期：略

备案人（签字）：略　　　　　　　　　　　备案日期：略

5.3.6　监测评估

依托 C 市城市大脑平台，并结合电视台"民意直通车"、电台"民情热线"及信访等途径收集相关群体的健康诉求，对"实施意见"进行后期监测。

5.4 参考案例 4:《D 市儿童青少年近视防控三年行动方案》健康影响评价

5.4.1 项目背景

世界卫生组织 2018 年公布的研究报告显示,中国近视患者达 6 亿人,青少年近视率持续居世界第 1 位。当前,我国各年龄段青少年的近视呈现发病年龄早、进展快、程度深的趋势。儿童青少年近视防控已上升为国家战略,成为"健康中国"战略中关键一环。为深入实施健康中国战略,为全国近视防控提供更多"D 市样本",根据教育部和浙江省市近视防控相关文件精神,结合 D 市实际,D 市教育局制定了 D 市儿童青少年近视防控三年行动方案。

方案要求强势推进近视防控工作,着力在构建工作体系、定期开展视力监测并建立视力档案、强化体育锻炼和户外活动、改善视觉环境、减轻学业负担、控制电子产品使用、加强视力健康教育、促进家长参与、强化考核督导、加强健康教育队伍和机构建设等 10 个方面形成有效经验和做法;以完善近视防控管理体系、建立近视监测预警机制、构建"阳光课堂"户外课程体系、实施视觉环境达标工程、实施科学用眼入心工程、实施视光健康促进工程、实施家校协同守护工程为重点任务;构建"一"个载体、"二"层示范引领、"三"大体系、"四"大工程、"五"项目标的防控框架。

该方案是 D 市教育发展和近视防控的重要依据与行动指南。为了推动将健康全面融入 D 市教育、社会与民生实际,更好地改善教育环境,预防儿童青少年近视疾病,同时规避该政策对相关人群健康的不利影响,D 市教育局向 D 市卫健局申报项目健康影响评估,D 市卫健局委托杭州师范大学公共卫生学院团队对该政策进行健康影响评估。

5.4.2 评价实施

(1)部门初筛。D 市教育局组织健康影响评价工作人员根据《D 市公共政策健康影响评价技术指南》,对政策进行筛选。

(2)提交登记。申请评价与备案受理,起草部门 D 市教育局向 D 市卫健局申报项目健康影响评估,D 市卫健局委托第三方评价机构杭州师范大学公共卫生学院实施评价。

（3）组建专家组。基于方案涉及主体的特殊性和内容的综合性，D市卫健局根据"（2＋X）模式"，选定了来自文化和广电旅游体育局、教育局、财政局、疾病预防与控制中心、卫生健康局、交通和社会保障等部门/领域的19名专家组成健康影响评估小组。

（4）快速筛选。按照健康影响因素清单，由19位评价小组专家对规划内容进行快速筛选，经过专家快速评估后，确定对《D市儿童青少年近视防控三年行动方案》进行健康影响评估。快速评价结果见表5-16。

表5-16 《D市儿童青少年近视防控三年行动方案》快速评价结果汇总

问题	回答		
	是	不知道	否
该工程是否可能对健康或健康决定因素产生消极影响？	1/19	12/19	6/19
该工程是否可能对健康或健康决定因素产生积极影响？	19/19	0/19	0/19
潜在的消极或积极影响是否会波及很多人？（包括目前和将来）	17/19	1/19	1/19
潜在的消极影响是否会造成死亡、伤残或入院风险？	1/19	2/19	16/19
对于残疾人、流动人口、低社会阶层、儿童、老年人、精神病患者、下岗职工等弱势群体而言，潜在的消极影响是否会对其造成更为严重的后果？	2/19	4/19	13/19
该工程对经济社会发展是否有影响？	6/19	6/19	7/19
该工程对公众的利益是否有影响？	10/19	1/19	8/19
该工程是否会成为公众或社会关注的焦点？	14/19	2/19	3/19
是否进行健康影响评价 ☑是 （19/19） □否 （0/19）			

备注：例如6/19是指19位专家中，有6位选择此项。

结合学生家长、教师、医务人员的陈述，评价专家组给出了筛选意见（见表5-17）。

（5）分析评估

由于该方案对学生群体的健康多为正向影响，所以在现有条件下，确定采用综合性程度相对较低的评估方法进行评价。

1）相关评估分析方法

①文献研究：通过文献检索，了解影响视力的因素，如光环境、维生素的

摄入、户外活动、睡眠、用眼习惯、遗传因素等。

表 5-17　政策健康影响评估筛选意见及反馈表

文件(政策)名称	D市儿童青少年近视防控三年行动方案
文件(政策)起草单位	D市教育局
筛选日期	略
筛选方法	专家观点 头脑风暴

评价专家组筛选结果：

　　近些年,我国儿童青少年近视问题形势非常严峻。为了守护孩子明亮的眼睛和光明的未来,近视防控刻不容缓。防控工作需要社会各界的努力,学校和家庭是学生长期居住的地方,学校要营造舒适的视觉环境,科学合理安排学习作业和体育活动时间,教师和家长要做好榜样,提高对近视疾病的认知,承担起监督和教育之责,落实管理细则引导学生自我管理,分门别类进行近视预防和控制工作,在遇到阻力时要学会向医疗、社区等各方寻求帮助和支持,必要时报上级部门搭桥牵线。与当代学生一起成长起来的电子产品,不容置疑地推动了学生对新知识的学习和积累,在产生正面影响的同时,也不可否认对学生视力产生了负面影响,仍需严格管理学生电子产品的使用。

专家组组长审定意见：

签字：略　　　　　日期：略

参与评议专家及成员签字：略

日期：略

<table>
<tr><td colspan="5" align="center">投票结果统计</td></tr>
<tr><td rowspan="2" align="center">参与人数</td><td colspan="3" align="center">投票结果</td><td rowspan="2" align="center">结论：是否开展健康影响评价</td></tr>
<tr><td align="center">同意</td><td align="center">反对</td><td align="center">弃权</td></tr>
<tr><td align="center">19</td><td align="center">15</td><td align="center">4</td><td align="center">0</td><td align="center">☑是　　☐否</td></tr>
</table>

　　②专家咨询:基于文献分析,向疾病预防与控制中心、教育、文化和广电旅游体育局等专家进行咨询,以确定健康影响评估的结果和建议,确保优化建议的科学性和严谨性。

　　2)方案文本评价分析

　　健康影响评估专家组结合方案编制背景、相关资料以及可能涉及人群的现状资料,采用定性的方法,对方案逐节分析,识别所涉及的健康决定因素,预估和描述方案实施所产生的健康影响,从维护和促进人群健康的角度提出修改建议(见表 5-18)。

表 5-18 《D 市儿童青少年近视防控三年行动方案》文本健康影响评估分析表（专家组汇总）

序号	文件（政策）原文	修改意见	理由	对应的健康决定因素	修改意见的重要性 1（不大重要）—5（非常重要）
1	二、主要目标 实现"五"项目标：力争到2023 年底，实现……	建议把儿童青少年近视控制率和近视控制率放入管控目标，整体要处于平稳或者稳定稳年增长趋势	儿童青少年群体按照近视分为已近视和未近视两类，对未近视的学生要预防近视，对已近视的学生要维持近视度数的稳定性		5
2	三、重点任务 （一）完善近视防控管理体系 1. 构建近视防控管理网络。将突出班主任的关键作用。将近视防控目标纳入班主任业绩考核体系，与班主任津贴挂钩，设立专项奖励	突出班主任的关键作用，督促教师和家长对学生近视防控措施的落实	增加了班主任的考评项目，分散了教学精力，易引导师分摊挤近视学生的不良风气，也不利于近视学生的心理健康	心理健康 压力 教育 歧视	5
3	三、重点任务 （一）完善近视防控管理体系 3. 细化近视防控管理措施。 （二）建立近视监测预警机制 1. 建立近视预警机制。 2. 完善跟踪监测机制。教育局及时对重点学校实施视力抽测，并实现数据多方共享	现有研究发现绿植是视力的重要影响因素，建议补充相关措施。 对描述中不同分类各类别适合的体育锻炼，及针对续近距离用眼的同等的干预措施，避免对近视学生造成心理压力和被歧视	对已近视、真近视和假近视、高度近视和低度近视，以及不同年龄段的学生的近视因素要有一定的调查，管理措施的细化要基于调查结果，结合医生的建议进行完善	绿化环境 个体/行为危险因素 公共服务的可及性 公平性和质量	5

续表

序号	文件（政策）原文	修改意见	理由	对应的健康决定因素	修改意见的重要性（不太重要—5 非常重要）
4	三、重点任务 （三）构建"阳光课堂"户外课程体系 1. 丰富户外活动内容。 2. 推广假期实践性作业。	建议同等效果下选择安全系数较高的活动 根据不同年级段学生的特点布置假期实践性作业	户外活动如携手看海、乐趣沙滩等要格外重视学生的安全问题，活动就近、安全、低费用原则。照顾适合残疾儿童的可及性。校内文体设施的建设。 考患增加适合残疾儿童青少年的户外活动。校内文体设施的建设。 假期实践性作业的平台的实际对接不同年级学生的实际能力进行行动安排	个体/行为危险因素 公共服务的可及性、公平性和质量	5
5	三、重点任务 （四）实施视觉环境达标工程 2. 打造智慧光环境教室	督导学校根据视觉环境检测结果实落实完善措施。加强智慧光环境的舒适度	对视觉环境检查的结果要进行做出反馈，不达标的要限期改善。智慧光环境在达标的基础上要追求舒适度	工作、生活和学习微观环境	5

续表

序号	文件（政策）原文	修改意见	理由	对应的健康决定因素	修改意见的重要性 1（不太重要）—5（非常重要）
6	三、重点任务 （五）实施视光科学用眼入心工程 1.开展近视科学防控知识宣传活动。 2.督促促成良好用眼习惯养成	充分发挥学校和家长的协同作用，对高年级学生的健康用眼习惯和近视防控方法的运用也要给予一定关注	近视防控需要全社会参与，方案强调激发学生内在动力预防近视。在学校范围和家庭两大主体范围内开展教育、宣传、检查等活动。知识宣传形式要尽量避免长时间用眼。对学生家长的教育也应纳入宣传范围。高年级学生如何预防近视？高年级学生考学压力大、竞争激烈，如何在措施落实的过程中又不影响学习，仍需探究	个体/行为危险因素 公共服务的可及性、公平性和质量	5
7	（六）实施视光健康促进工程 （七）实施家校协同守护工程	充分发挥学校和家长的协同作用。保证充足睡眠。建议增加学生心理健康教育的措施	体育活动、劳动教育、学习等都要建立在良好睡眠的基础上。学生才会有精力和活力去更好地预防近视。因此，除学校生活的午休外，同时家长要发挥管理能力引导学生形成夜间良好睡眠习惯，保证睡眠充足。对特殊家庭学生（如孤儿、单亲等），要与家长/社区人员面对面了解，宣传，同时关注学生心理健康	公共服务的可及性、公平性和质量 家庭和社区 心理健康	5

续表

序号	文件（政策）原文	修改意见	理由	对应的健康决定因素	修改意见的重要性 1（不太重要）—5（非常重要）
8	附件 2 D 市中小学校（幼儿园）近视防控工作管理细则 七、学生座位管理 每月调整学生座位。每学期对学生课桌椅高度进行个性化调整，使其适应学生生长发育变化	考虑到教师精力有限，鼓励发挥中高年级学生的主观能动性。根据桌椅调节方法自己升降课桌椅高度。教师负责提醒和辅助	可升降桌椅要调节到位。调节方法要教授给已具备调整能力的中高年级学生。低年级学生由老师帮忙	个体/行为危险因素	5
9	整体方案		缺少进度安排和明确的考核方案		5

5.4.3 报告与建议

整理汇总各位专家的意见和建议,形成拟定政策健康影响评估意见反馈表。在罗列专家意见的基础上,D市卫健局结合专家意见,另形成总体反馈意见。总体反馈意见如下:

D市儿童青少年近视防控三年行动方案内容较翔实,制定的发展目标、措施基本符合实际。为了进一步深化和完善方案成果,根据"健康中国"战略有关要求、大健康建设内涵理念和新时代卫生健康工作方针等有关内容,专家组形成以下健康影响评价建议。

(1)方案涉及的健康决定因素包括生理健康,心理健康,环境因素,个体/行为危险因素,公共服务的可及性、公平性和质量。

(2)方案对学生人群的健康影响主要表现在以下几个方面。

积极影响:近视防控措施的实施对改善教学环境(建筑、光照、设施设备)、提高人群(教师、家长、学生)对近视的认知、减轻学生负担等方面都具有较大的正向促进作用。

可能存在的消极影响:a.方案强调视觉环境、户外活动和知识宣传,忽视了不同类别、不同年龄、不同学习阶段学生的学习压力和自我管理能力对防控近视的影响;b.忽视了对特殊家庭儿童、已近视学生的心理疏导;c.重视对共享数据安全性的保护;d.方案考核细节和进度安排有待明确,利于落实。

(3)基于上述影响,评价专家组提出以下建议。

1)主要目标要强调学校学生近视度数稳定率和近视控制率处于平稳状态或增长趋势。

2)在调查的基础上对已近视和未近视、高度和低度近视、不同年级段学生采取适合的活动安排和知识宣传方式,关注学生的心理健康评估结果。

3)多交流、多沟通,提高学生家长对近视防控重要性的认知。

4)要明确方案实施的进度安排和相关考核细则。

5)健康影响评估分析和建议详见表5-19。

5.4.4 提交备案

本报告提交D市卫健局健康办备案。

5.4.5 结果应用

D市教育局对上述建议表示全部接纳。

表 5-19　健康影响评价意见采纳情况反馈表

文件(政策)名称	《D 市儿童青少年近视防控三年行动方案》				
文件(政策)发布类别	☐政府发布　☑部门发布				
文件(政策)起草部门	D 市教育局				
备案部门	本级健康办				
专家组审核确认结论:是否通过审核		☑通过审核　☐未通过审核			
健康影响评价意见采纳情况					

序号	原文件(政策)条款	可能存在的问题	修改建议	采纳	部分采纳	不采纳(理由)
1	三、主要目标 实现"五"项目标:力争到 2023 年底,实现……	儿童青少年群体按照近视分为已近视和未近视两类,对未近视的学生要预防近视,对已近视的学生要维持近视度数的稳定性	建议把儿童青少年近视度数稳定率和近视控制率放入管控目标,整体要处于平稳状态或者逐年增长趋势	采纳		
2	三、重点任务 (一)完善近视防控管理体系 1.构建近视防控管理网络。 突出班主任的关键作用,将近视防控目标纳入班主任业绩考核体系,与班主任津贴挂钩,设立专项奖励	增加了班主任的考评项目,分散了教学精力,易引导形成排挤近视学生的不良风气,也不利于近视学生的心理健康	突出班主任的关键作用,督促教师和家长落实学生近视防控措施	采纳		
3	三、重点任务 (一)完善近视防控管理体系 3.细化近视防控管理措施。 (二)建立近视监测预警机制 1.建立近视预警机制。 2.完善跟踪监测机制。 教育局及时对重点学校实施视力抽测,并实现数据多方共享	对已近视和未近视、真近视和假近视、高度近视和低度近视,以及不同年龄段的学生的近视影响因素要有一定的调查,管理措施的细化要基于调查结果,结合医生的建议进行完善	现有研究发现绿植、饮食、睡眠是视力的重要影响因素,建议补充相关措施。 对描述中不同分类的学生要寻找各类别适合的体育锻炼、持续近距离用眼的时间等针对性的干预措施。 保证数据共享安全性,避免对近视学生造成心理压力和被歧视	采纳		

续表

序号	原文件（政策）条款	可能存在的问题	修改建议	采纳使用情况		
				采纳	部分采纳	不采纳（理由）
4	三、重点任务 （三）构建"阳光课堂"户外课程体系 1.丰富户外活动内容。 2.推广假期实践性作业	户外活动如携手看海、乐趣沙滩等要格外重视学生的安全问题，活动场地选择按照就近、安全、低费用原则。考虑增加适合残疾青少年儿童的户外活动。重视校内文体设施的建设。 假期实践性作业的平台要对接不同年级学生的实际能力进行行动安排	建议同等效果下选择安全系数较高的活动。 根据不同年级段学生的特点布置假期实践作业	采纳		
5	三、重点任务 （四）实施视觉环境达标工程 1.学校视觉环境达标检测。 2.打造智慧光环境教室	对视觉环境检查的结果要做出反馈，不达标的要进行限期改善。智慧光环境在达标的基础上要追求舒适	督导学校根据视觉环境检测结果落实完善措施。加强智慧光环境的舒适度	采纳		
6	三、重点任务 （五）实施科学用眼入心工程 1.开展近视防控知识宣传活动。 2.督促良好用眼习惯养成	近视防控需要全社会参与，方案强调激发学生内在动力预防近视，在学校和家庭两大主体范围内开展教育、宣传、检查检测等活动，知识宣传形式要尽量避免长时间用眼。对学生家长的教育也应纳入宣传范围。 高年级学生如何预防近视？高年级学生考学压力大，竞争激烈，如何在落实措施的过程中又不影响学习，仍需探究	充分发挥学校和家长的协同作用，对高年级学生的健康用眼习惯和近视防控方法的运用也要给予一定关注	采纳		

续表

序号	原文件(政策)条款	可能存在的问题	修改建议	采纳使用情况		
				采纳	部分采纳	不采纳(理由)
7	(六)实施视光健康促进工程。(七)实施家校协同守护工程	体育活动、劳动教育、学习等都要建立在良好睡眠的基础上,学生才会有精力和活力去更好地预防近视。因此,除学校生活的午休时间外,家长要发挥管理能力引导学生形成夜间良好睡眠习惯,保证充足睡眠。对特殊家庭学生(如孤儿、单亲等)要与家长/社区人员面对面了解、宣传,同时关注学生心理健康	充分发挥学校和家长的协同作用保证充足睡眠。建议增加学生心理健康教育的措施	采纳		
8	附件2 D市中小学校(幼儿园)近视防控工作管理细则 七、学生座位管理 每月调整学生座位,每学期对学生课桌椅高度进行个性化调整,使其适应学生生长发育变化	可升降桌椅要调节到位。调节方法要教授给已具备调整能力的中高年级学生。低年级学生由老师帮忙	考虑到教师精力有限,鼓励发挥中高年级学生的主观能动性,根据桌椅调节方法自己升降课桌椅高度,教师负责提醒和辅助	采纳		
9	整体方案	缺少进度安排和明确的考核方案	建议把儿童青少年近视度数稳定率和近视控制率放入管控目标,整体要处于平稳状态或者逐年增长趋势	采纳		

共 页 第 页

政策起草部门联系人:略	电话:略
政策起草部门签章:略 提交日期:略	
备案人(签字):略	备案日期:略

5.4.6 监测评估

D市卫健局建立健康治理监测评价体系，对方案涉及的健康环境、健康设施、健康人群、卫生健康服务等领域进行周期性监测，并结合市政府热线和信访等途径收集学生的健康诉求，为方案的完善提供科学精准的决策依据。

参考文献

[1] 习近平.决胜全面建成小康社会夺取新时代中国特色社会主义伟大胜利——在中国共产党第十九次全国代表大会上的报告[M].北京:人民出版社,2017.

[2] 中国健康教育中心.健康影响评价实施操作手册(2019版)[M].北京:人民卫生出版社,2020.

[3] World Health Organization. Definitions of HIA[EB/OL].[2022.01.26].http://www.who.int/hia/about/defin/en/.

[4] 中国健康教育中心.健康影响评价理论与实践研究[M].北京:中国环境出版集团,2019.

[5] 中国健康教育中心.健康影响评价实施操作手册(2021版)[M].北京:人民卫生出版社,2022.

[6] 陈振明.公共政策学:政策分析的理论、方法和技术[M].北京:中国人民大学出版社,2004.

[7] 顾建光.公共政策分析概述[M].上海:上海人民出版社,2007.

[8] 杨克敌.环境卫生学[M].北京:人民卫生出版社,2017.

[9] Islam KR,Weil RR. Soil quality in dictator properties in mid Atlantic soils as influenced by conservation management[J]. Soil Water Conser,2000,50:226-228.

[10] 邬堂春.职业卫生与职业医学[M].北京:人民卫生出版社,2017.

[11] 王滢,刘建.科学推动气候变化适应政策与行动[J].世界环境,2019(1):26-28.

[12] 品源.灵活性、清洁性和高效性应成为能源安全的新指标[N].中国经济导报,2013.01.26(B02).

［13］刘为军.中国食品安全控制研究［D］.榆林：西北农林科技大学，2006.

［14］邱文毅，钱进，何德雨，等.浅谈国境口岸医学媒介生物监测的意义及要求［J］.口岸卫生控制，2011，16（4）：3－6.

［15］黄遵菊.林业绿化树移植栽培及养护技术探析［J］.种子科技，2017，（8）：85－87.

［16］王花丽.夏热冬冷地区城市公共空间微环境质量评价和舒适性分析［D］.长沙：湖南大学，2016.

［17］王亚云.数据挖掘技术在交通管理中的应用［D］.成都：电子科技大学，2009.

［18］王晓辉，韩宁宁，刘慧.安徽省生物多样性调查与评价——以县域为评价单元［J］.环境科学与管理，2011，36（10）：167－172.

［19］李华.兰州市文化休闲娱乐场所空间格局及影响因素研究［D］.兰州：西北师范大学，2017.

［20］国家体育总局政策法规司.《山东省全民体育健身条例》发布实施［EB/OL］.［2004.12.22］.http://www.sport.gov.cn/zfs/n4974/c665884/content.html.

［21］宿州市埇桥区疾病预防控制中心.世界卫生组织：健康三要素［EB/OL］.［2014.09.30］.http://www.yqqcdc.com/display.asp? id＝988.

［22］世界卫生组织.身体活动［EB/OL］.［2018.02.23］.https://www.who.int/zh/news-room/fact-sheets/detail/physical-activity.

［23］飞驰.关于"广义"生命在于运动的十大事实［J］.糖尿病天地，2015（1）：63.

［24］王逢宝.快速公交建设影响城市居民出行结构变化的实证研究［J］.城市，2011（11）：64－66.

［25］叶斯阳，陈政友，邱奕冰.制造业工人饮酒行为影响因素及对其生命质量的影响［J］.中国职业医学，2019，46（1）：55－60.

［26］张泉水，夏莉，蔡翠兰，等.深圳市毒品及药物滥用的流行趋势研究［J］.中国社会医学，2014，31（6）：441－443.

［27］李丹，刘俊升.健康心理学［M］.上海：上海教育出版社，2014.

［28］庄丽丽，马迎华，赵海，等.青少年生活技能的评价工具探索［C］//中华预防医学会儿少卫生分会第九届学术交流会、中国教育学会体育与卫

生分会第一届学校卫生学术交流会、中国健康促进与教育协会学校分会第三届学术交流会论文集.2011.

[29] 张天.浅谈中学生世界观教育[J].新校园,2017(1):191.

[30] 张雅丽,陈淑英,钱爱群.护理诊断、健康评估[M].北京:高等教育出版社,2011.

[31] 法理.正心态是教师压力的缓释剂[J].北京教育,2012(11):26.

[32] 徐含笑.大学生自尊对主观幸福感的影响[J].长春教育学院学报,2010,26(3):29-31.

[33] 武翠芳.注重学生自信心的建立[J].科技视界,2014(8):235-236.

[34] 杨燕绥,闫俊.中外社会保障公共服务管理模式变迁新解——厘清公共服务"私有化"、"回归"与"外包"[J].比较与研究,2011(6):68-70.

[35] 屈宝泽,李天助,卢妮敏,等.家庭支持对冠状动脉支架术后患者预后影响的研究[J].医学与哲学,2018,39(108):63-66,77.

[36] 童峰,郭仕利,杨晓莉,等.老年人社会孤立干预措施有效性的系统评价[J].中国心理卫生,2014,28(10):760-766.

[37] 许万敬,刘向信.家庭学[M].济南:山东友谊出版社,1994.

[38] 柳成栋.浅谈黑龙江民俗文化[J].黑龙江史志,2012(12):30-32.

[39] 何琼,裴璆.论就业歧视的界定——欧盟"正当理由"理论对我国的启示[J].法学,2006(4):112-118.

[40] 霍仙丽.大学毕业生就业问题分析及对策研究[J].科技资讯,2015(1):242-243.

[41] 国家统计局山东调查总队城住户调查课题组.山东城镇居民工资性收入变动特点及比较研究[J].山东统计,2011,6(6):15-17.

[42] 周伟林,严冀.城市经济学[M].上海:复旦大学出版社,2006.

[43] 周文.城市经济学[M].北京:中国人民大学出版社,2014.

[44] 李鲁,吴群红.社会医学[M].北京:人民卫生出版社,2013.

[45] 关保英.论公众听证制度程序的构建[J].学习与探索,2013(1):70-77.

[46] 娄伟.情景分析方法研究[J].理论与方法,2012(9):17-26.

[47] 王罗春.环境影响评价[M].北京:冶金工业出版社,2012.

[48] 中华人民共和国中央人民政府.中华人民共和国环境影响评价法[EB/

OL].［2012.11.13］.http://www.gov.cn/bumenfuwu/2012－11/13/content_2601281.htm.

［49］胡辉,杨家宽.环境影响评价［M］.武汉:华中科技大学出版社,2010.

［50］李淑芹,孟宪林.环境影响评价［M］.北京:化学工业出版社,2018.

［51］吴婧,陈奕霖,张一心.中国健康影响评价制度的实践与前瞻——以国际经验为借鉴［J］.环境保护,2020,48(14):42－48.

［52］Lindsay CM,Christopher AO,Ingrid LS. An adaptable Health Impact Assessment （ HIA ） framework for assessing health within Environmental Assessment （EA）:Canadian context,international application［J］. Impact Assessment and Project Appraisal,2018,36(1):5－15.

［53］祝光耀,张塞.生态文明建设大辞典:第二册［M］.南昌:江西科学技术出版社,2016.

［54］中国健康教育中心.健康影响评价理论与实践研究［M］.北京:中国环境出版社,2019.

［55］中国健康教育中心.健康影响评价实施操作手册(2019版)［M］.北京:人民卫生出版社,2020.

［56］中国健康教育中心.健康影响评价实施操作手册(2021版)［M］.北京:人民卫生出版社,2022.

［57］高华建,李小冬,高晓江.建筑业高质量发展评价指标体系研究［J］.工程管理学报,2021,35(1):1－6.

［58］杜岩,闫艺鑫,庞玉成.医院建设项目决策阶段利益相关者关系治理［J］.现代医院管理,2021,19(1):92－95.

［59］万书廷.拆除建筑废弃物对人体健康影响评价研究［D］.成都:西华大学,2021.

［60］龙梅.建设项目环境影响评价与竣工环保验收的协调策略思考［J］.皮革制作与环保科技,2021,2(12):142－143.

［61］刘立国,袁耀.建筑工程项目后评价指标体系研究［J］.居舍,2020(33):157－158.

［62］刘阳.建设项目环境影响评价中的风险因素及预防措施［J］.化工管理,2020(35):154－155.

［63］ 班卫强,邢坤,陈健.医院建设项目环评常见问题及解决对策［J］.环境
与发展,2020,32(5):25—26.

［64］ 郭悦音.浅析医院建设类项目在项目建议书阶段的评估重点［J］.现代
营销(信息版),2020(6):112—113.

［65］ 陈晔.医院建设项目环境影响评价技术评估重点［J］.环境与发展,
2020,32(8):20—21.

［66］ 耿丽媛,胡雪松.健康影响评价(HIA)在医疗建筑中的运用——以澳大
利亚利物浦医院重建项目为例［J］.中国医院建筑与装备,2020,21(4):
94—97.

附件 1

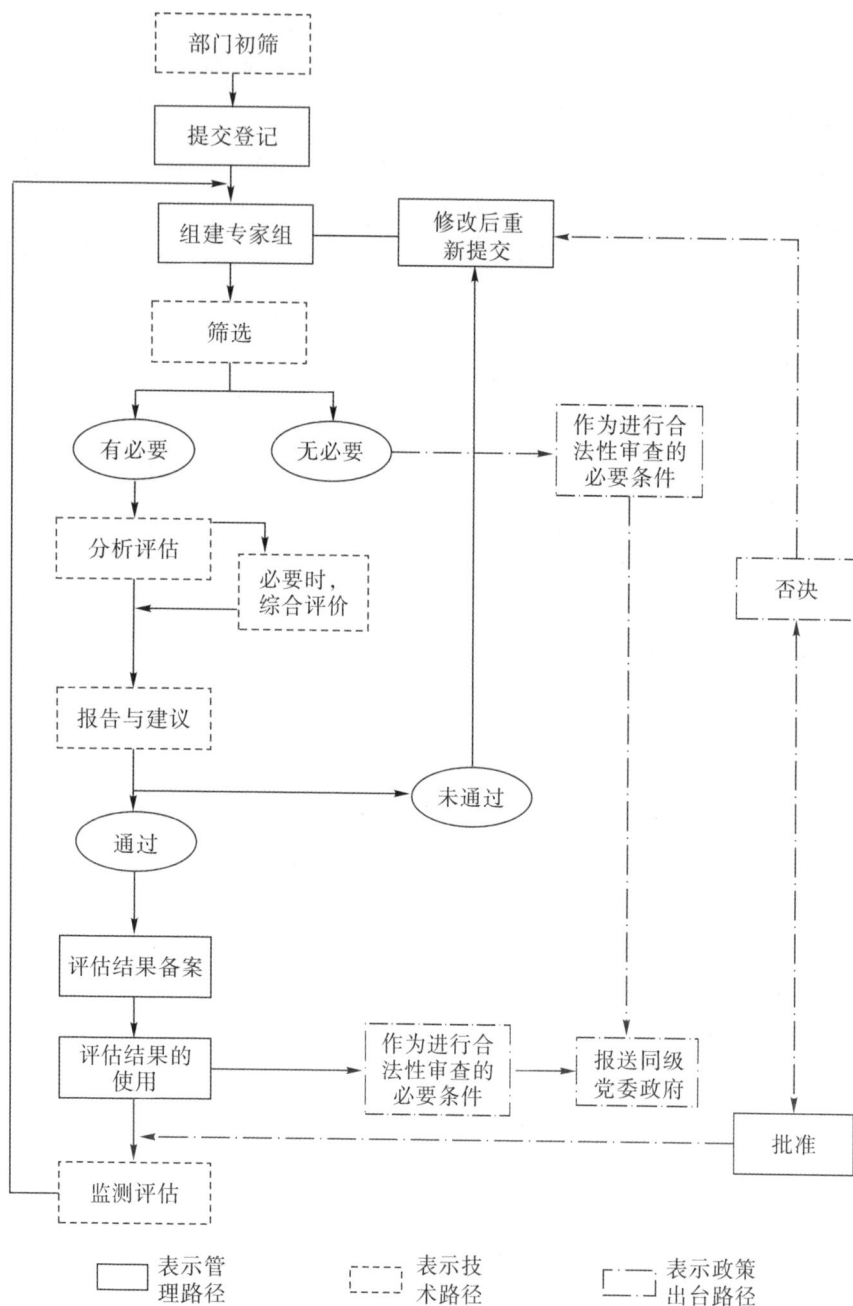

图 1　公共政策健康影响评价路径图

附件 2

表 1　各部门涉及健康相关因素的政策文件范围及对应健康问题清单

（县区参考）

类型	部门	涉及健康相关因素的政策文件范围	相应健康问题
党委	组织部	将健康城市建设工作推进情况纳入领导干部任期考核,并将大健康专题纳入领导干部培训课大纲	健康人群
	宣传部	将公民健康素养纳入社会主义精神文明建设和提高公民文明素质的重要内容	健康文化
		将健康生活行为方式纳入文明城市活动规划	
	统战部	关于向宗教人士和信教群众传播健康理念和知识的措施及办法的编制与修订	健康文化
	县（区/市）委党校	将健康城市建设大健康专题纳入日常培训课纲	健康人群
	县（区/市）直机关工委	机关健康促进工作	健康人群
政府行政部门	信息中心	支持健康相关大数据与城市大脑平台的对接和应用	健康信息
	信访局	对健康相关信访议题进行专题分析和干预	健康人群
	发展和改革局	起草本级政府国民经济和社会发展、经济体制改革和对外开放的有关草案	健康资源
		拟定社会发展战略、总体规划和年度计划	
		有关生态建设、环境保护规划,协调生态建设、能源、资源节约和综合利用等民生项目审批前期的文件	
		加大对健康领域规划和投资的意见或办法	
		将健康促进与教育纳入经济和社会发展规划,加强健康促进与教育基础设施建设和目标考核管理	
		关于促进健康产业发展的举措	健康产业
	经济和信息化局	提出的优化产业布局、结构调整的政策及建议	健康环境
		拟定的全县（区/市）工业和信息化产业能源节约和资源综合选用、清洁生产规划	

续表

类型	部门	涉及健康相关因素的政策文件范围	相应健康问题
政府行政部门	经济和信息化局	有关重大工程和新产品、新技术、新设备、新材料的推广应用的策划、论证等文件	健康环境
		关于加强工业节能降耗的方案或规定	
		推进企业健康促进工作	健康人群
	教育局	拟订的全县（区/市）教育改革与发展战略和规划及配套的相关政策、措施等规范性文件	健康政策
		制定的基础教育、素质教育、德育工作、体育卫生与艺术教育以及国防教育工作管理和指导文件	
		有关校园安全防范、综合治理和稳定工作的规范性文件	意外伤害
		关于学校疾病预防控制工作的措施、办法	疾病预防
		政府行政部门关于提高学生健康素养和身心素养的办法或措施	健康素养
		关于加强和改善学校卫生环境，开展健康促进学校建设的方案及措施	健康环境
	科技局	有关健康领域科技投入，科研、适宜技术推广的方案、报告等文件	科研技术
	公安局	起草的有关反恐防暴及预防处置危害群众安全的重大群体闹事、骚乱事件、治安灾害事故等突发事件的公安行政管理预案、政策、措施	社会环境预防意外伤害
		有关依法管理枪支弹药、管制刀具、易燃易爆、剧毒、放射性等危险物品的规范性文件	
		涉及交通安全、交通秩序、交通事故处置的相关规范性文件	
		有关提升犯罪嫌疑人和治安拘留人员羁押监管场所环境和健康管理水平的政策、措施及规划	
		加强流浪犬、烈性犬和宠物管理，防范人身伤害的有关文件	
		关于加强维护社会治安、减少犯罪的方案或措施的编制与修订	

续表

类型	部门	涉及健康相关因素的政策文件范围	相应健康问题
政府行政部门	民政局	起草的有关城乡居民最低生活保障和低保边缘户认定,困难群众临时救助,流浪乞讨人员救助,残疾人生活补贴,重度精神病人救治,孤儿和困境儿童救助,留守儿童、留守老人管理服务,残疾人、企业困难残疾职工合法权益保障等社会救助工作的规范性文件	社会救助
		有关开展慈善帮扶救助,组织开展社会组织公益创投项目,监督查处社团组织、民办非企业违法行为,农村敬老院建设等发展慈善事业的管理与指导性文件。养老补贴制度,养老服务从业人员管理等社会养老服务工作方面的政策性文件	社会服务
		关于支持扶持健康领域社会组织发展的政策及办法的编制与修订	
		关于加强社区健康和养老服务建设的政策的编制与修订	社区服务
	司法局	负责起草的司法行政方面的地方性法规、规章草案;编制的本级司法行政工作的发展规划及年度计划	社会环境
		有关人民调解工作、社区矫正工作和基层法律服务工作的政策性文件	
		关于提升保障在押服刑人员健康方面的办法或措施	
		组织、指导对刑满释放人员的安置帮教工作的规范性文件	特殊人群
	财政局	制定的地方财政发展规划和年度预算	健康资源
		制定的职工待业保险基金和职工退休养老基金的财务管理制度	
		有关社会救灾、救济、医疗保险等社会保障资金使用的宏观调控和监督管理等制度性文件	
		健康城市治理重大项目、健康教育与健康促进项目、重点慢性病防治项目经费保障	

续表

类型	部门	涉及健康相关因素的政策文件范围	相应健康问题
政府行政部门	人力资源和社会保障局	负责起草的政府层面有关劳动和社会保障工作的规范性文件草案（前置健康评估）	社会保障
		拟定的有关贯彻落实城乡养老保险，女工、未成年工特殊劳动保护等相应的政策及实施办法草案	
		有关城乡社会保障体系、公共就业创业服务体系建设的政策、规划	
		有关完善工时制度、职工休假制度和维护劳动者权益的规范性文件	
		涉及企业职工基本养老、医疗、工伤、生育等保险水平和劳动保护等有关问题的政策文件	
		拟定的劳动和社会保障制度改革方案	
		将健康素养列入新职工干部培训内容	健康人群
	自然资源和规划局	将健康元素融入城市国土空间规划，在城乡规划中科学规划公共卫生、医疗、体育健身、公共交通等功能区域	健康环境
		关于加强地质环境保护和地质灾害防治的办法或预案的编制与修订	
		加大对生态红线缓冲带商业用地管控、农村居民建房审批及管理	
	生态环境局	拟定的全市环境保护规划及生态文明建设和环境保护的制度	健康政策
		拟定的环境功能区划、生态功能区划及重点区域、流域污染防治规划和饮用水水源地环境保护规划	健康环境
		有关建立和完善突发环境事件的应急机制和应急预案	意外伤害
		拟定的有关主要污染物排放总量控制和核安全及辐射安全监督管理的实施办法等	
		对经济和技术政策、发展规划以及经济开发规划、建设项目等环境影响评价的文件	

类型	部门	涉及健康相关因素的政策文件范围	相应健康问题
政府行政部门	住房和城乡建设局	拟订的本级城镇化发展战略、中长期规划和编制的县域内城镇体系规划、县城总体规划、详细规划、专项规划以及工业园区规划和其他规划	健康环境（居住环境、生活环境）
		有关推进新型城镇化、城乡规划、城乡建设和城市管理的规范性文件	
		有关房屋建筑、市政工程和相关公用事业设施质量、安全监管的制度性文件	
		城镇污水、生活垃圾处理项目设施建设和运营管理的设计方案及管理文件	
		有关城乡绿化、城市路灯、灯饰、商业照明的规划和管理文件	
		重大工程项目的健康影响评价	
		健康步道建设的规划	
		在建筑设计和施工过程中加强环境、健康保护	
		关于保障性住房供给的政策性文件的编制与修订	社会公平人居保障
	交通运输局	制定的全市交通发展和交通产业发展政策；编制的全市道路、水路、交通主枢纽发展的中长期规划	健康环境
		有关公路、水路行业安全生产和应急管理工作的指导性文件	
		有关加强客运交通工具及车站码头卫生环境建设和无烟环境建设的制度性文件	
		有关道路设计和施工中加强环境、健康保护，保障交通安全的规定	
	水利局	拟定的全市水利发展规划和政策	健康环境
		编制的全市水资源战略规划及重要流域水利综合规划和防洪规划等重大水利规划	
		有关河、湖、库及河口的治理、开发和保护及河湖水生态保护与修复的项目可行性论证文件	
		编制并实施的全市水资源保护规划和指导与推进节水型社会建设工作指导性文件	饮水安全

续表

类型	部门	涉及健康相关因素的政策文件范围	相应健康问题
政府行政部门	水利局	有关实施农村安全饮水和自来水普及工作，实施贫困村安全饮水巩固提升工作和农村水利改革创新和社会化服务体系建设的文件	饮水安全
		关于加强涉水性地方病、寄生虫病预防控制工作的规范性文件	疾病预防
	农业农村局	拟订的全市农业和农村经济发展战略、中长期发展规划、政策等	健康环境（生态环境）
		有关农产品质量安全监测、农产品质量安全风险评估和质量追溯等提升农产品质量安全水平的政策文件	
		有关农药、兽药(渔药)、饲料、饲料添加剂和畜禽屠宰等农资市场秩序管理的规范性政策	
		有关秸秆等农村可再生能源综合开发与利用、农业农村节能减排、农业生产污染防治工作的政策文件	
		关于农作物重大病虫害防治和重大动物疫病防控，加强人、畜、禽粪便和养殖业的废弃物无害化处理的政策性文件	
		农村环境卫生综合整治行动的实施方案及配套政策文件	
		关于推广有机肥和化肥结合使用，净化城乡环境的文件	
		人畜共患疾病防控工作预案的编制与修订	疾病防控
	商务局	保障粮食供应安全	食品供应
		落实市场、商场、超市健康促进工作	健康人群
	文广旅体局	关于加大健康政策和知识宣传力度，倡导建立健康文化氛围，保障健康类节目、栏目和公益广告播放的政策性文件的编制与修订	健康文化
		涉及医疗、保健、药物、健康管理类商业广告的播放前资质确认	
		古建筑保护、历史文化名城建设	健康环境

续表

类型	部门	涉及健康相关因素的政策文件范围	相应健康问题
政府行政部门	文广旅体局	关于加强旅游景点环境卫生整治、控烟管理的规范性文件的编制与修订	健康环境
		旅游景点紧急援助预案的编制与修订	预防意外伤害
		酒店宾馆健康促进工作	健康人群
		有关推动全民健身实施计划,开展群众性体育赛事活动,实施国家体育锻炼标准,开展国民体质测试服务的文件	健康生活
		关于加强公共体育场地设施建设,做好体育场馆、体育运动器械的管理和统筹使用的政策、措施	健康支持
		关于加强科学健身指导服务的规定或办法	健康人群
		关于开展体育健身知识科普宣传活动的办法及措施	健康文化
	卫生健康局	拟订的卫生健康事业发展规划、政策措施,编制的卫生健康资源配置规划	健康政策
		拟订并组织实施的推进卫生健康基本公共服务均等化、普惠化、便捷化和服务主体多元化、方式多样化等政策措施	
		有关推进深化医药卫生体制改革,深化公立医院综合改革的建议及相关政策性文件	
		拟订的重大疾病防治规划以及严重危害人民健康公共卫生问题的干预措施和各类突发公共事件的医疗卫生救援预案	
		拟订的应对人口老龄化政策措施和推进老年健康服务体系建设和医养结合工作的政策及规范性文件	健康服务
		有关药品使用监测、临床综合评价和短缺药品预警、食品安全风险监测评估的制度性文件	
		有关开展爱国卫生运动的办法、制度、规划和措施等	

续表

类型	部门	涉及健康相关因素的政策文件范围	相应健康问题
政府行政部门	卫生健康局	有关放射卫生、环境卫生、学校卫生、公共场所卫生、饮用水卫生等公共卫生的监督管理和传染病防治卫生健康综合监督体系建设的政策文件	健康服务
		制定的有关医疗服务评价和监督管理体系建设的办法及实施方案	
		有关人口监测预警和计划生育管理与服务、家庭发展的政策文件	
		负责制订的中医药政策和发展规划	
		落实国家基本公共卫生服务项目，提升健康促进与健康教育技术水平	公共卫生
		降低人均就诊费用，控制人均抗生素使用强度，提高服务质量	医疗服务
		突发公共卫生事件应急预案的编制与修订	预防意外伤害
		关于加强职业卫生防护和管理、保障职业健康的政策性文件的编制与修订	职业健康
	应急管理局	拟订的应急管理、安全生产等政策规定	意外伤害
		组织编制的应急体系建设，安全生产和综合防灾减灾规划	
		编制的综合应急防灾减灾预案和安全生产类、自然灾害类专项预案	
		制定的应急物资储备和应急救援装备规划	
	审计局	加强对医疗保障资金、医院成本核算、各类社会救助资金和福利资金规范使用的审计	健康资源
	国有资产监督管理委员会	落实国有企业健康促进工作	健康人群
	市场监督管理局	关于重大食品安全事故应急的预案、建立食品安全事故防范机制和措施等政府层面的规范性文件	食品安全
		关于加强食品安全监管、防范区域性系统性食品安全事故的实施办法等监管策略性文件	
		关于食品安全监督抽检和风险监测工作实施方案（办法）等有关检测评估的行业专项操作性文件	

类型	部门	涉及健康相关因素的政策文件范围	相应健康问题
政府行政部门	市场监督管理局	有关实施《食品生产加工小作坊食品流通摊贩餐饮服务摊贩及家庭集体宴席服务者备案管理办法》等规范化日常履职运行性文件	食品安全
		有关健康相关产品和服务监管、健康类知识产权保护和开发利用等本级政府地方性法规拟定文件(前置健康评估)	
		药品、医疗器械和化妆品监督管理的政策、规划及监督实施策略性文件	
		关于食品药品安全宣传和从业人员健康培训的制度及办法等制度性文件	
		关于健康相关产品和服务监管办法的编制与修订	健康资源
		关于健康类知识产权保护办法的编制与修订	
		关于食品药品安全宣传和从业人员健康培训的制度及办法的编制与修订	健康环境
		关于特种设备运营维护管理的办法的编制与修订	
		涉及医疗、药物、保健、健康管理类的商业广告审批许可管理	健康文化
		关于医疗、药物、保健、健康管理等商业机构(如药店、诊所、养生馆、健康管理公司等机构)工商注册的资质审查管理办法的编制与修订	健康环境
	统计局	将健康城市建设群众满意度调查纳入常规调查范畴	健康信息
	医疗保障局	拟定的贯彻落实城乡居民基本医疗保险制度和大病保险制度和城乡统筹的多层次医疗保障体系的实施办法及监督管理的规范性文件	健康服务
		推进医疗、医保、医药"三医联动"改革,保障人民群众就医需求、减轻医药费用负担的政策性文件	
		有关提高医疗资源使用效率和医疗保障水平的指导性文件	

续表

类型	部门	涉及健康相关因素的政策文件范围	相应健康问题
政府行政部门	综合执法局	市容市貌综合管理	健康环境
		城乡垃圾处理	
		关于加强城乡卫生规划和供水建设与管理、污水排放与处理的文件	
群团组织	总工会	将健康促进与健康教育、健康管理纳入各级工会工作之中	健康人群
		倡议广大职工积极参与健康城市、健康企业建设	
	团委	将健康促进与健康教育、爱国卫生纳入各级团组织工作	
		倡议广大青年、学生积极参与健康城市、健康促进学校建设	
	妇联	将健康促进与健康教育纳入各级妇联组织工作	
	残联	将健康促进与健康教育纳入各级残联组织工作	
	关工委	加强青少年健康促进工作	

表 2　各部门涉及健康相关因素的政策文件范围及对应健康问题清单

（地市参考）

类型	部门	涉及健康相关因素的政策文件范围	相应健康问题
党委	组织部	将健康城市建设工作推进情况纳入领导干部任期考核，并将大健康专题纳入领导干部培训课大纲	健康人群
党委	宣传部	将公民健康素养纳入社会主义精神文明建设和提高公民文明素质的重要内容	健康文化
党委	宣传部	将健康生活行为方式纳入文明城市活动规划	健康文化
党委	市委党校	将健康城市建设大健康专题纳入日常培训课纲	健康人群
政府行政部门	信访局	对健康相关信访议题进行专题分析和干预	健康人群
政府行政部门	发展和改革委员会	加大对健康领域规划和投资的意见或办法	健康资源
政府行政部门	发展和改革委员会	将健康促进与教育纳入经济和社会发展规划，加强健康促进与教育基础设施建设和目标考核管理	健康资源
政府行政部门	发展和改革委员会	关于促进健康产业发展的举措	健康产业
政府行政部门	经济和信息化局	关于加强工业节能降耗的方案或规定	健康环境
政府行政部门	经济和信息化局	推进企业健康促进工作	健康人群
政府行政部门	教育局	关于提高学生健康素养和身心素养的办法或措施	健康素养
政府行政部门	教育局	关于加强和改善学校卫生环境，开展健康促进学校建设的方案及措施	健康环境
政府行政部门	教育局	关于学校疾病预防控制工作的规范性措施、办法	健康环境
政府行政部门	民族宗教事务局	关于向宗教人士和信教群众传播健康理念和知识的措施及办法的编制与修订	健康文化
政府行政部门	科学技术局	加大健康领域科学研究和产品研发立项投入	健康资源
政府行政部门	公安局	关于加强维护社会治安、减少犯罪的方案或措施的编制与修订	社会环境预防意外伤害
政府行政部门	公安局	关于加强交通程序管理、维护交通安全的方案或措施的编制与修订	社会环境预防意外伤害
政府行政部门	公安局	关于加强消防安全维护人民生命财产安全的方案或措施的编制与修订	社会环境预防意外伤害

续表

类型	部门	涉及健康相关因素的政策文件范围	相应健康问题
政府行政部门	民政局	关于加强社会救助水平的措施及办法的编制与修订	社会救助
		关于加强医疗救助的办法及措施的编制与修订	
		关于加强社区健康和养老服务建设的政策的编制与修订	社区服务
		关于支持扶持健康领域社会组织发展的政策及办法的编制与修订	
	司法局	关于提高司法援助的有关工作	社会环境
		关于加强解决刑满释放人员社会安置帮教的工作	特殊人群
		关于保障因过失犯罪在押服刑人员健康的办法或措施的编制与修订	
	财政局	健康城市治理重大项目、健康教育与健康促进项目、重点慢性病防治项目经费保障	健康资源
	人力资源和社会保障局	城乡居民养老保险、失业保险、工伤保险等政策制度的编制与修订	社会保障
		劳动保障监察规范化管理制度的编制与修订	
		关于企业职工参加基本养老、工伤等保险水平有关问题政策的编制与修订	
		关于加强劳动保护有关事项的公共政策的编制与修订	
		将健康素养列入新职工干部培训内容	健康人群
	自然资源局	将健康元素融入城市国土空间规划,在城乡规划中科学规划公共卫生、医疗、体育健身、公共交通等功能区域	健康环境
		关于加强地质环境保护和地质灾害防治的办法或预案的编制与修订	
		加大对生态红线缓冲带商业用地管控	

类型	部门	涉及健康相关因素的政策文件范围	相应健康问题
政府行政部门	生态环境局	关于预防、控制环境污染和环境健康影响评价政策和举措制定	生态环境
		关于指导和协调解决跨地域、跨领域、跨部门的重大环境问题的办法或方案的编制与修订	生存环境
	住房和城乡建设局	关于开展和指导城乡环境综合治理的实施措施或方案的编制与修订	健康环境
		重大工程项目的健康影响评价	
		健康步道建设的规划	
		在建筑设计和施工过程中加强环境、健康保护	
		关于保障性住房供给的政策性文件的编制与修订	社会公平人居保障
		市容市貌综合管理	健康环境
		城乡垃圾处理	
		关于加强城乡卫生规划和供水建设与管理、污水排放与处理的文件	
	林业局	关于加强园林绿化、绿地管理等制度性文件的编制与修订	健康环境
	文物局	古建筑保护、历史文化名城建设	
	交通运输局	关于发展公共交通、方便群众出行的文件编制与修订	健康环境
		关于加强交通工具及车站卫生环境建设和无烟环境建设的制度性文件的编制与修订	
		关于在道路设计和施工中加强环境、健康保护	
	水利局	关于加强水源地保护，保障饮用水安全的措施或办法的规范性文件的编制与修订	供水安全
		关于加强农村安全饮用水管理的规定	
		关于加强植树造林、绿化环境的规范性文件	生态环境
		关于加强自然保护区建设管理的文件	

续表

类型	部门	涉及健康相关因素的政策文件范围	相应健康问题
政府行政部门	农业农村局	关于加强人、畜、禽粪便和养殖业的废弃物及其他农业废弃物的综合利用	生态环境
		关于加强农药监督管理的政策性文件	
		关于推广有机肥和化肥结合使用、净化城乡环境的文件	
		关于提高农产品产量和质量及发展绿色有机农产品的政策性文件	食品安全
		关于提高畜禽产品产量和质量	
		人畜共患疾病防控工作预案的编制与修订	疾病防控
	商务局	保障粮食供应安全	食品供应
		落实市场、商场、超市健康促进工作	健康人群
	文化和旅游局	关于加大健康政策和知识的宣传力度，倡导建立健康文化氛围，保障健康类节目、栏目和公益广告播放的政策性文件的编制与修订	健康文化
		涉及医疗、保健、药物、健康管理类商业广告的管理	
		关于加强旅游景点环境卫生整治、控烟管理的规范性文件的编制与修订	健康环境
		旅游景点紧急援助预案的编制与修订	预防意外伤害
		酒店宾馆健康促进工作	健康人群
	卫生健康委员会	关于深化医药卫生体制改革的规范性文件的编制与修订	卫生服务体制
		落实国家基本公共卫生服务项目，提升健康促进与健康教育技术水平	公共卫生
		降低人均就诊费用，控制人均抗生素使用强度，提高服务质量	医疗服务
		突发公共卫生事件应急预案的编制与修订	预防意外伤害
		关于加强职业卫生防护和管理、保障职业健康的政策性文件的编制与修订	职业健康

类型	部门	涉及健康相关因素的政策文件范围	相应健康问题
政府行政部门	应急管理局	关于提高安全生产水平、防范安全事故的规范性文件的编制与修订	健康环境
		安全生产事故应急预案的编制与修订	预防意外伤害
	审计局	加强对医疗保障资金、医院成本核算、各类社会救助资金和福利资金规范使用的审计	健康资源
	国有资产监督管理委员会	落实国有企业健康促进工作	健康人群
	市场监督管理局	重大食品安全事故应急预案的编制与修订	食品安全
		食品安全监督抽检和风险监测工作实施方案的编制与修订	
		食品生产加工小作坊、食品流通摊贩、餐饮服务摊贩及家庭集体宴席服务者备案管理的编制与修订	
		小餐饮许可审查管理办法的编制与修订	
		关于加强食品安全监管、防范区域性系统性食品安全事故的实施方案的编制与修订	
		关于健康相关产品和服务监管办法的编制与修订	健康资源
		药品、医疗器械和化妆品监督管理的政策、规划及监督实施策略性文件	
		关于健康类知识产权保护办法的编制与修订	
		关于食品药品安全宣传和从业人员健康培训的制度及办法的编制与修订	健康环境
		关于特种设备运营维护管理的有关办法的编制与修订	
		涉及医疗、药物、保健、健康管理类的商业广告审批许可管理	健康文化
		关于医疗、药物、保健、健康管理等商业机构(如药店、诊所、养生馆、健康管理公司等机构)工商注册的资质审查管理办法的编制与修订	健康环境
	统计局	将健康城市建设群众满意度调查纳入常规调查范畴	健康信息

续表

类型	部门	涉及健康相关因素的政策文件范围	相应健康问题
政府行政部门	体育局	关于加强科学健身指导服务的规定或办法	健康人群
		关于加强公共体育场地设施建设、推动全民体育健身活动的文件	健康环境
		有关推动全民健身实施计划、开展群众性体育赛事活动、实施国家体育锻炼标准、开展国民体质监测的文件	健康生活
		关于开展体育健身知识科普宣传活动的办法及措施	健康文化
	医疗保障局	关于企业职工参加医疗、生育等保险政策的编制与修订	社会保障
		关于医保基金使用的有关问题	
	城市管理局	市容市貌综合管理	健康环境
		城乡垃圾处理	
		关于加强城乡卫生规划和供水建设与管理、污水排放与处理的文件	
	机关事务管理局	机关健康促进工作	健康人群
	大数据发展管理局	支持健康相关大数据与城市大脑平台的对接和应用	健康信息
群团组织	总工会	关于将健康促进与健康教育、健康管理纳入各级工会工作之中	健康人群
		倡议广大职工积极参与健康城市、健康企业建设	
	团委	将健康促进与健康教育、爱国卫生纳入各级团组织工作	健康人群
		倡议广大青年、学生积极参与健康城市、健康促进学校建设	
	妇联	将健康促进与健康教育纳入各级妇联组织工作	健康人群
	残联	将健康促进与健康教育纳入各级残联组织工作	健康人群
	关工委	加强青少年健康促进工作	健康人群

表3　健康、健康公平和健康决定因素的定义和内容

分类	种类	健康定义和内容
生理健康	生理疾病	生理因素是由个人生理构造、生理功能所造成的差异,并在行为活动中表现出不同的特点。不同岗位的人群有着不同的影响健康的生理因素,如退休职工生理因素的构成具体包括身体状况、饮食状况、运动锻炼、药物使用、卫生习惯、功能性需求等。生理健康是身体生理疾病和体弱的匿迹和相应的身体结构的完整和生理功能的正常。 生理疾病是指身体由于受到伤害或所患的疾病,没有治愈成功而落下的身体疾病。如高血压、心律不齐、哮喘、消化道溃疡等
	身体结构	身体结构是指解剖学所指的身体器官、肢体及其组成
	生理功能	生理功能可以直观地理解为某个器官对生命体自身的新陈代谢所作出的贡献,其对完成正常的生理活动所发挥的作用。例如:肾脏的生理功能是水的重吸收,以及排除人体代谢垃圾,保持人体内稳态等
		常用指标有: 人均期望寿命:指 0 岁时的期望寿命,具体来说是指在某一死亡水平下新出生的婴儿预期存活的年数。 预期寿命:表示在出生或者当前某个年龄组的人群中,预计可以存活生命年数的中值。 健康期望寿命:指扣除了死亡、残疾和疾病影响之后的平均期望寿命,以生活自理能力丧失为基础计算而得。 患病率:又称现患率,指某特定时间内总人口中某病新旧病例所占的比例。 死亡率:表示在一定期间内,某人群总死亡人数在该人群总数中所占的比例,是测量人群死亡危险最常用的指标。 婴儿死亡率:是反映 1 周岁以内婴儿死亡水平的指标,是指婴儿出生后不满周岁死亡人数与出生人数的比率。 5 岁以下儿童死亡率:指某地某年 5 岁以下儿童死亡数与同年出生的活产数之比。 孕产妇死亡率:指某年中由于怀孕和分娩及并发症造成的孕产妇死亡人数与同年产妇数之比。孕产妇死亡的定义是妇女在妊娠期至产后 42 天以内,由任何与妊娠有关的原因所致的死亡

续表

分类	种类	健康定义和内容
心理健康	心理亚健康、自我和谐、人际和谐、社会和谐	心理因素：从广义上讲，心理健康是指一种高效而满意的、持续的心理状态。从狭义上讲，心理健康是指人的基本心理活动的过程内容完整、协调一致，即认识、情感、意志、行为、人格完整和协调，能适应社会，与社会保持同步。 心理亚健康状态最常见的是焦虑、抑郁，这种精神状态如果持续存在，无法缓解或控制，就会产生心理疾病。除此之外，还可能伴有睡眠不佳、烦躁易怒、无助、空虚、注意力不集中、精力下降等多种表现形式。 国内学者蔡焯基等通过对全国各省市在心理健康方面有长期深入研究的精神卫生或心理学领域专家进行调研，制定了中国人心理健康标准及评价要素，该标准分为3个层面，即自我和谐、人际和谐、社会和谐。 自我和谐包括3个方面：①认识自我，感受安全，个体能够自我认识，恰当地评价自己，自我接纳，拥有对人身安全、生活稳定等的基本安全感；②自我学习，生活自立，个体拥有生活能力，能够独立处理日常生活中大部分的衣食住行，个体拥有学习的能力，从经验中学习，获得知识与技能，以及解决问题的能力；③情绪稳定，反应适度，个体能够保持情绪基本稳定，以积极情绪为主，能够控制情绪变化。 人际和谐指个体拥有基本的人际交往能力，能够接纳他人、处理与保持基本的人际交往关系。拥有人际满足，能够在人际互动中获得满足感。 社会和谐是指个体能够适应环境，应对挫折，行为符合年龄、社会角色与所处的环境，行为协调一致，在社会规范允许的范围内实现个人需求的满足
道德健康	价值、情感、行为	道德因素：在健康的内涵中，道德健康被当作是平衡健康的重要因素，健康应该以道德为其发展的根本。"道德"指人在发展的过程中必须遵循的社会规律、制度等以及个人的品德和操守。①道德健康是指个体能够很好地运用社会发展所需要的行为准则和社会规范来调整自己与他人、与社会、与自然以及周边环境的关系，从而达到适应自然、社会发展的需要，自身与社会的和谐平衡的状态。②就目前所掌握的资料来看，国内对道德健康概念的使用仅局限于个体的道德健康。部分学者认为道德健康包括价值、情感和行为三个方面的内容。 道德健康的价值取向，即行为主体能够意识到"道德"与"不道德"的界限所在。 道德健康的情感取向，即能产生爱憎、好恶的态度和内心体验。 道德健康的行为取向，即能将道德认识、判断转化为具体的道德行动

分类	种类	健康定义和内容
社会适应	积极社会适应、消极社会适应	社会适应健康是人口个体在生活、学习、工作中,在不同的自然环境、社会环境条件下,自强自立,取得成就,实现自我,具有较强的社会交往能力、工作能力和广博的科学文化知识,适应各种角色以及对社会、民族、国家的奉献精神。从功能角度又可划分为积极社会适应和消极社会适应两类。由于社会适应的行为功能既具有心理机能意义又具有社会评价意义,所以社会适应是一个可以从多学科角度进行考察的概念。在社会适应维度,自评受歧视程度常被用作衡量指标。 积极社会适应:包括自我肯定、亲社会倾向、行事效率、积极应对。其中,亲社会行为又称利社会行为,是指符合社会希望并对行为者本身无明显好处,而行为者却自觉自愿给行为的受体带来利益的一类行为。亲社会行为一般可以分为利他行为和助人行为。 消极社会适应:包括自我烦扰、人际疏离、违规行为、消极退缩。其中,人际疏离感的形成是一个复杂的、多因素的心理问题,是指个体难以正常处理与他人的关系,个体与其人际关系网络在情感上产生疏离,从而产生的消极情绪体验。

分类	种类	健康公平定义和内容
健康公平	健康状态公平、卫生保健公平	健康公平是指一个社会的所有成员均有机会获得尽可能高的健康水平,即不同收入、种族、年龄、性别的人群应当具有同样或类似的健康水平。健康公平主要用平均期望寿命、患病率、死亡率、婴儿死亡率、5岁以下儿童死亡率、孕产妇死亡率等指标来评价。 (1)健康状态公平是指在生物学范围内,每个人都有同等的机会达到他们尽可能的身体、精神和社会生活完好的状态。 (2)卫生保健公平是指每个人都能公正和平等地获得可利用的卫生服务资源,它涉及卫生服务提供、卫生服务筹资和利用三个方面的公平,具有水平公平和垂直公平两方面的涵义。 1)水平公平:①同等需要者在卫生服务上的消费相同;②同等需要者获得、利用卫生服务的机会相同,享受到的卫生服务质量相等;③同等需要者对卫生服务的利用相等。 2)垂直公平:①基于消费者付费能力的累进制筹资机制;②基于消费者需求的恰当的高效的卫生服务。 健康不公平是指在个体或人群组别间,存在不必要的、可避免的和不公正的健康状态及其危险因素或卫生服务利用上的不平等。这种不合理的不平等就是健康不公平。

续表

分类	种类	健康决定因素定义和内容
A 个人/行为因素	A1 世界观人生观价值观	世界观,也称宇宙观,是哲学的朴素形态。世界观是人们对整个世界的总的看法和根本观点。由于人们的社会地位不同,观察问题的角度不同,所以形成的世界观也不同。人生观是指对人生的看法,也就是对人类生存的目的、价值和意义的看法。人生观是由世界观决定的。人生观是一定社会或阶级的意识形态,是一定社会历史条件和社会关系的产物。价值观是指人们在认识各种具体事物的价值的基础上,形成的对事物价值的总的看法和观点。一方面表现为价值取向、价值追求,凝结为一定的价值目标,另一方面表现为价值尺度和准则,成为判断价值事物有无价值和价值大小的评价标准。三观健康对社会主义核心价值观的传播、青少年的健康成长、幸福观的养成有着重要的引导作用
	A2 健康理念和意识	健康理念和意识是指机体对自身正常功能和心理状态的信念和认识。提高健康意识是提高公民素质的重要内容。要提高公民素质,首先要提高公民身体素质和心理素质。如果公民的健康意识增强了,身体素质和心理素质就有了很大提高。但同时也要注意避免陷入健康理念和健康意识的误区。过多食用腌制食品是诱发胃癌的主要元凶;吃过精细的食物易导致肠癌;尽管保健品有增强免疫、延缓衰老、调节生理功能等作用,但不能代替药品,更不能当饭吃,如果滥补反而会破坏人体的生理调节功能,起到相反的作用
	A3 生活方式与习惯	生活方式与习惯主要包括饮食、身体活动（静坐）生活方式、出行方式、吸烟、饮酒、休闲娱乐等。 (1)饮食:不健康的饮食是慢性病的主要高危因素。健康饮食五大要点:①婴儿满6个月前,提倡完全母乳喂养;②食物多样化;③多吃蔬菜和水果;④食用脂肪和油要适量;⑤少吃盐和糖。向人们提供种类齐全、数量充足、比例适合的各种营养素,是人类提高生存质量、延长生存年限和保持健康状态的有效方法。不健康的饮食容易导致肠胃炎、营养不良、发胖及易衰老等问题。 (2)身体活动（静坐）生活方式:身体活动系指由骨骼肌肉产生的需要消耗能量的任何身体动作。静坐生活方式是指在工作、家务、交通行程期间或休闲时间内,不进行任何体力活动或仅有非常少的体力活动。静坐生活方式者如果同时又进食高脂肪膳食,最直接的后果就是引起体重增加和代谢紊乱,进而导致肥胖、高胆固醇血症及血糖升高,后者作为主要危险因素导致心脑血管疾病、糖尿病、乳腺癌、结肠癌等慢性病的发生。研究显示,静坐少动生活方式对健康的危害相当于每天吸20支烟或轻度肥胖(超过理想体重的20%)

续表

分类	种类	健康决定因素定义和内容
A 个人/ 行为 因素	A3 生活方式 与习惯	(3)出行方式:是指居民出行所采用的方法或使用的交通工具,与人体健康也有着密切关系。如:有研究表明,骑自行车出行的人是呼吸废气最多的人。运动对人有好处,但是空气污染对健康的危害更大,会影响人体心血管疾病的发展。 (4)吸烟:是不健康的行为。可以从吸烟史(现在吸烟、既往吸烟、被动吸烟)、烟龄和戒烟(戒烟多久了、戒烟主要原因)等方面描述。如吸烟史:现在吸烟(最近1个月内,平均每天至少吸一支烟);既往吸烟(指既往有过连续1个月时间,平均每天至少吸一支烟,但近1个月内未吸过烟);有无被动吸烟(过去1周中至少有1天,有人在你的生活或工作环境内吸烟或你能闻到烟味的时间超过15分钟)。孕妇被动吸烟会促进子宫肌肉及血管收缩,导致子宫缺血而影响胎儿发育,还会导致一定数量的新生儿畸形。许多研究认为,吸烟是心脑血管疾病的主要危险因素,吸烟者和长期的被动吸烟者患冠心病、高血压病、脑血管疾病及周围血管病的发病率均明显升高。 (5)饮酒:过量饮酒可导致消化、心脑血管和神经等系统的损伤,并与多种疾病存在因果关系,其造成的残疾和死亡不亚于吸烟和高血压。可以从频率、饮酒量和种类等方面描述。经常饮酒指平均每周至少3次喝过含有酒精成分的饮料。饮酒的种类可以分为高度白酒、中度白酒、葡萄酒、黄酒、啤酒、果酒。 (6)休闲娱乐:大众休闲娱乐的消费需求活动。休闲的宗旨是促进社会发展和提高人类的文明和健康水平。休闲内容的不健康将直接影响人的身心健康。如果仅是精神上的纵情娱乐,沉溺于痴迷,还会损害健康。如精神性的娱乐过度会因刺激强烈而增加心理压力
	A4 违反社会 法律、道德 的危害健 康行为	违反社会法律、道德的危害健康行为,如毒品及药物滥用、不安全性行为等。 (1)毒品及药物滥用:毒品是指鸦片、海洛因、甲基苯丙胺(冰毒)、吗啡、大麻、可卡因,以及国家规定管制的其他能够使人成瘾的麻醉药品和精神药品;药物滥用是指出于非医疗目的而反复连续使用(滥用)能够产生依赖性的药品。毒品及药物滥用除形成依赖性外,还会严重影响滥用者的身心健康,主要可引起神经系统损害、个性改变、导致心血管系统疾病、肺水肿、腹痛、精神异常,甚至死亡。毒品及药物滥用不仅是一个医学问题,更会带来一系列的社会问题。 (2)不安全性行为:包括卖淫嫖娼、无金钱交易的非婚性行为和夫妻双方中一方已感染 HIV 或性病情况下发生的无保护性夫妻性行为

续表

分类	种类	健康决定因素定义和内容
A 个人/ 行为 因素	A5 生活技能	WHO将生活技能定义为：一个人的心理社会能力，即一个人有效地处理日常生活中各种需要和挑战的能力，是个体保持良好心态，并且在与他人、社会和环境的相互关系中表现出适应和积极的行为能力，包括自我认识能力和同理能力、有效的交流能力和人际关系能力、处理情绪问题能力和缓解压力能力、创造性思维能力和批判性思维能力、决策能力和解决问题能力、避险行为。研究表明，生活技能训练对培养健康生活方式、知觉反应、压力反应有着积极的促进作用
	A6 压力	压力是心理压力源和心理压力反应共同构成的一种认知和行为体验过程。通俗地讲，压力就是一个人觉得自己无法应对环境要求时产生的负性感受和消极信念。如果个体长期处于压力状态，将导致神经内分泌系统紊乱甚至造成一系列与紧张压力有明显关系的身心疾病，也称为"适应性疾病"或"应激状态病"。这些疾病可以发生在人体的任何一个器官系统疾病，比如高血压、冠心病、脑卒中、消化性溃疡、支气管哮喘等，以及某些免疫性疾病和各种神经功能症
	A7 自尊/自信	自尊是个体在社会实践过程中所获得的对自我的积极的情感性体验，由自我效能（或自我胜任）和自我悦纳（或自爱）两部分构成。自信是指个体对自身具备成功应付特定情境能力的信念
B 环境 因素	B1 空气质量	空气质量的好坏反映了空气污染程度，它是根据空气中污染物浓度的高低来判断的。空气质量指数（AQI）是定量描述空气质量状况的指数，由各项污染物的空气质量分指数（IAQI）中的最大值来决定，各项污染物的IAQI由其浓度和相关标准根据公式计算得出。污染物包括二氧化硫、二氧化氮、一氧化碳、臭氧、粒径$\leqslant 10\mu m$的颗粒物（PM10）和粒径$\leqslant 2.5\mu m$的颗粒物（PM2.5）。当AQI>50时对应的污染物为首要污染物。 空气污染对人体健康的直接影响，首先是感觉上的不舒服，随后生理上出现可逆性反应，再进一步会出现急性危害症状。总的来说，空气污染对人体健康的危害大致可分为急性中毒、慢性中毒、致癌三种

续表

分类	种类	健康决定因素定义和内容
B 环境 因素	B2 水体质量	水质是水体的物理(如色度、浊度、臭味等)、化学(无机物和有机物的含量)和生物(细菌、微生物、浮游生物、底栖生物)的特性及其组成的状况。水质为评价水体质量的状况,规定了一系列水质参数和水质标准,如生活饮用水、工业用水和渔业用水等水质标准。 水污染对人体健康的危害可分为生物性污染和化学性污染,都会引起急性或慢性中毒,诱发致癌。化学性污染的危害更为严重,如汞和甲基汞会导致水俣病,酚对皮肤黏膜有强烈的刺激腐蚀作用,也会抑制中枢神经系统或损害肝肾功能等
	B3 土壤质量	一般是指土壤在生态系统中保持生物的生产力、维持环境质量、促进动植物与人类健康的能力。 土壤物理指标:质地、容重;土壤肥力指标:有机质、全氮、全磷、全钾、CEC、PH、有效磷、速效钾、交换性 Ca Mg;土壤微量元素:有效锌、有效铁、有效铜、有效锰、有效硼、有效铝。 土壤污染对人体健康的影响:污染物会随着地表径流、地下渗透等方式危害人们的生产和生活。 重金属污染的危害:土壤中重金属或类金属污染对居民的危害是通过农作物和水进入人体的,如含镉的废水污染农田引起痛痛病(公害病)就是一个典型的例子。 农药污染的危害:农业生产中大量使用农药,首先使土壤受到污染,通过食物链进入人体,可引起急、慢性中毒及致突变、致癌和致畸作用。 生物性污染:是当前土壤污染的重要危害,影响面广,可引起肠道传染病和寄生虫病;可引起钩端螺旋体病、炭疽病、破伤风及肉毒中毒等
	B4 噪声	噪声是一类引起人烦躁,或音量过强而危害人体健康的声音。从环境保护的角度看,凡是妨碍到人们正常休息、学习和工作的声音,以及对人们要听的声音产生干扰的声音,都属于噪声。 40 分贝的连续噪声可以使 10% 的人睡眠受到影响,70 分贝的连续噪声可以使 50% 的人睡眠受到影响。长期处在高强噪声的环境中工作或生活,人们的情绪会发生明显的变化,常常会无缘无故地烦躁、激动

续表

分类	种类	健康决定因素定义和内容
B 环境 因素	B5 废物处理	废物处理包括医疗废弃物处理（集中无害化处理）、生活废弃物处理〔分类后，微生物处理、热解气化处理技术（通过其燃烧的热能作为蒸汽发电机的动力）、肥堆（依靠微生物的作用使原料从有机物转化为稳定无害的物质）〕、工业废弃物处理、农业废弃物处理（堆肥）和危险废弃物处理（源头处理、破坏危险废弃物危险性）等。 废弃物中的有机物不仅滋生蚊蝇，造成疾病的传播，而且在腐败分解时释放出氨气（NH_3）、硫化氢（H_2S）等恶臭气体，生成多种有害物质，污染大气，危害人体健康；同时，这也是造成医院内交叉感染和空气污染的主要原因。 生活废弃物若不及时清理，会导致蚊蝇滋生、细菌繁殖、老鼠活动猖狂，使疾病迅速传播。 医疗废弃物中含有不同程度的细菌、病毒和有害物质。 工业固体废物如果没有严格按环保标准要求安全处理处置，则会对土地资源、水资源造成严重的污染。 危险废弃物对人体健康和环境保护潜伏着巨大危害，如引起或助长死亡率增高，或使严重疾病的发病率增高，或在管理不当时会给人类健康或环境造成重大急性危害
	B6 气候变化	气候变化是指气候平均状态统计学意义上的巨大改变或者持续较长一段时间（典型的为10年或更长）的气候变动。气候变化不但包括平均值的变化，也包括变率的变化。 气候变化对人类健康的影响与气候变化引起的极端事件频率和强度的变化有关。如：许多研究表明，洪水对人类健康的影响可分为短期影响、中期影响和长期影响。短期影响主要是造成人员伤亡，中期影响主要是传染性疾病增加，长期影响则是由洪水造成的经济困难和生命财产损失而导致的精神压抑
	B7 能源的 清洁性	主要针对能源勘探开发、生产、加工转换和消费各环节的环境问题，分析能源开发和利用的粗放程度以及能源消费给生态环境和碳排放带来的负面影响
	B8 食物原材料 供应及其 安全性	制作食物时所需要使用的原料供应充足且安全。食品原料的不安全会导致对人体健康的物理性、化学性和生物性危害。 物理性危害：主要指食品原料在收获或生产的过程中混入一些杂质杂物，如在分割过程中卫生条件控制不当，原料肉中混入毛发或塑料、玻璃、铁钉等碎屑。 化学性危害：指环境污染物、化肥、农药和兽药、生长调节剂使用不当对食品原料造成化学污染。这些污染物极易在动植物体内产生残留，累积在动植物食品原料中，进而危害人体健康，这种危害往往是持久性的和遗传性的，甚至危害子孙后代。 生物性危害：主要指微生物、寄生虫、动植物中存在的某种对人体健康有害的非营养性天然物质成分对食品原料造成的污染

续表

分类	种类	健康决定因素定义和内容
B 环境 因素	B9 食品生产、 加工和运输	食品生产、加工和运输能力水平和安全保障
	B10 病媒生物	病媒生物指能直接或间接传播疾病(一般指人类疾病),危害、威胁人类健康的生物。 病媒生物对人体健康的危害主要体现在可以传播疾病,如鼠疫、流行性出血热、乙型脑炎、钩端螺旋体病、疟疾、登革热等;会影响人们的工作和休息,如蚊子、跳蚤等的叮咬吸血
	B11 绿化环境	绿化栽种植物以改善环境的活动。绿化指的是栽植防护林、路旁树木、农作物以及居民区和公园内的各种植物等。 绿化环境能调节气温,净化空气,防风、防尘、阻隔噪声,对人体的生理功能起着良好的作用,而且对人的心理活动也有着积极的影响
	B12 工作、生活 和学习微观 环境	公众工作、生活和学习微观环境质量,包括热环境、空气质量和噪声水平等方面
	B13 自然灾害	自然灾害是指以自然变异为主要因素造成的,危害人类生命健康、财产、社会功能以及资源、环境,且超出受影响者利用自身资源进行应对和处置能力的事件或现象。按灾害的性质,将自然灾害分为七大类,即气象灾害、海洋灾害、水旱灾害、地质灾害、地震灾害、生物灾害和森林草原火灾
	B14 交通安全性	交通系统本身的运行安全水平,交通安全是社会稳定的重要方面,是群众关心的重要民生问题,也是道路交通管理的两项基本任务之一。在我国,常用交通事故次数、死亡人数、受伤人数和直接财产损失4项基本指标来描述
	B15 生物多样性	生物多样性是生物及其环境形成的生态复合体以及与此相关的各种生态过程的综合,包括动物、植物、微生物和它们所拥有的基因以及它们与其生存环境形成的复杂的生态系统。 生物多样性受到破坏会直接导致食物、纤维、木材、药材和多种工业原料的来源减少,使人们的生活质量降低

续表

分类	种类	健康决定因素定义和内容
B 环境 因素	B16 文化娱乐 休闲场所 和设施	文化休闲娱乐业是以大众娱乐消费需求为市场，通过现代科技手段和流通服务平台，将具有娱乐属性的图形、文字、音符等文化符号转化为各类文化、娱乐产品和服务活动，以及与这些服务活动有关联的行业总称。文化休闲娱乐场所和设施不仅包括一些传统的文化产业部门（如剧院等），而且包括一些新型的文化创意产业（如咖啡馆等）和设备（器材）。 休闲娱乐对人体的心血管系统、呼吸系统、运动系统和免疫系统功能有良好的影响，并且能够帮助提高认知能力、促进个性发展
	B17 健身场地 和设施	健身场地和设施指由各级人民政府或者社会力量建设和举办的，向公众开放用于开展体育健身活动的体育场、体育馆、游泳馆、全民健身中心、球类场馆、体育公园等体育场地及设施。 健身场地的缺失不仅会影响人民群众健身的积极性，也会埋下社会不稳定的隐患。与公共健身场地紧张相伴的是不同健身人群的冲突，如大爷大妈因跳广场舞与年轻人抢占篮球场事件，就是典型的代表
	B18 基础卫生 设施	基础卫生设施指公共场所所包含的基本卫生设施，如餐厅基本卫生设施有洗消间、员工更衣间、卫生间、食品冷藏冰箱等
C 公共 服务	C1 教育	教育是培养人的一种社会活动。教育这个概念有广义和狭义两种解释。从广义上说，凡是增进人们的知识和技能、影响人们的思想品德的活动，都是教育。狭义的教育，主要是指学校教育，即教育者根据一定的社会（或阶级）要求，有目的、有计划、有组织地对受教育者的身心施加影响，把他们培养成为一定社会（或阶级）所需要的人的活动。教育作为培养人的一种社会现象，同社会的发展和人的发展有着密切的联系
	B14 交通安全性	交通安全性指交通系统本身的运行安全水平。交通安全是社会稳定的重要方面，也是群众关心的重要民生问题，是道路交通管理的两项基本任务之一。我国常用交通事故次数、死亡人数、受伤人数和直接财产损失 4 项基本指标来描述

续表

分类	种类	健康决定因素定义和内容
C 公共 服务	C2 医疗卫生 服务	医疗卫生服务是公共卫生服务和医疗服务的统称,涉及社会公共卫生服务、医疗服务、健康促进服务以及与这些服务相关的保障体系、组织管理和监督体系等。 基本医疗卫生服务,是指维护人体健康所必需的、与经济社会发展水平相适应、公民可公平获得的,采用适宜药物、适宜技术、适宜设备提供的疾病预防、诊断、治疗、护理和康复等服务。基本医疗卫生服务包括基本公共卫生服务和基本医疗服务
	C3 养老服务	养老服务指的是为老年人提供必要的生活服务,满足其物质生活和精神生活的基本需求
	C4 残疾人服务	残疾人服务主要包括残疾人康复、残疾人基本生活照料、残疾人无障碍设施改造、残疾人就业、残疾人法律服务等
	C5 社会救助	社会救助是指国家和社会对因各种原因而陷入生存困境的公民给予财物接济和生活扶助,以保障其最低生活需要的制度。社会救助作为社会保障体系的一个组成部分,具有不同于社会保险的保障目标。社会保险的目标是预防劳动风险,而社会救助的目标则是缓解生活困难。国家和其他社会主体为遭受自然灾害、失去劳动能力或者其他低收入公民提供物质帮助或精神救助,以维持其基本生活需求,保障其最低生活水平的各种措施,对于调整资源配置、实现社会公平、维护社会稳定有非常重要的作用。 在现代社会,社会救助与社会保险、社会福利、优抚安置等一起,构成社会保障的完整体系,并在其中发挥最低生活保障的作用,构成社会保障的最后一道"安全网"
	C6 幼儿托管 服务	幼儿托管服务是指在家庭以外、由社会机构(包括政府、企事业、团体、社区、私人)组织与实施的,为0~3周岁幼儿的家庭提供的幼儿看护服务,包括全日制托儿服务或半日制托儿服务
	C7 食品零售	食品零售是食品经营者或食品生产者直接将食品卖给个人消费者或社会团体消费者的商业交易活动,是食品从流通领域进入消费领域的最后环节

续表

分类	种类	健康决定因素定义和内容
C 公共服务	C8 交通运输	交通运输是指利用交通工具完成人员或货物的空间位置移动的生产经营活动过程。交通运输是研究铁路、公路、水路及航空运输基础设施的布局及修建、载运工具运用工程、交通信息工程及控制、交通运输经营和管理的工程领域。根据交通工具的不同，现代交通分为公路运输（汽车运输）、铁路运输、航空运输、水路运输和管道运输5种运输方式
	C9 文化娱乐休闲服务	文化娱乐休闲服务包含娱乐服务、景区游览服务、休闲观光游览服务三类。其中,娱乐服务包含六个小类:歌舞厅娱乐活动、电子游艺厅娱乐活动、网吧活动、其他室内娱乐活动、游乐园、其他娱乐业。景区游览服务包含七个小类:城市公园、名胜风景区、森林公园、其他游览景区、自然遗迹、动物园/水族馆、植物园等。休闲观光游览服务包含2个小类:休闲观光活动、航空观光游览
	C10 治安/安全保障和应急响应	治安是指在一定社会活动中人们活动的非特定领域内,涉及人身、财产、民主权利与公共活动等不受人为因素威胁、干扰、侵害和损害而由法律所规范的稳定状态。 安全保障是指为了减少或避免突发事件,保障生命财产不受侵犯和损害而提供的支撑、支持条件或开展的安全管理活动。具体是指保障基本的躯体安全,保障交通安全,防止其他动物袭击,防盗,防止犯罪,避免有害刺激因素(如噪声)、空气污染、潮湿、寒冷、过热、事故(如跌落)等。 应急响应主要指应急响应机制,应急响应机制是由政府推出的针对各种突发公共事件而设立的各种应急方案,通过该方案使损失减到最小。应急响应机制强度由一级至四级依次减弱。突发公共事件主要分自然灾害、事故灾难、公共卫生事件、社会安全事件等4类,应急响应机制按不同类别分别建立
	C11 能源可及性	能源可及性是指人人能够享有负担得起、可靠、可持续的现代能源服务,保证在需要时供应足够优质和可靠的现代能源,如电力、天然气和液体燃料(或同等替代品)以及个人购买日常所需此类商品的能力

续表

分类	种类	健康决定因素定义和内容
D 社会因素	D1 就业	就业是指在法定年龄内的有劳动能力和劳动愿望的人们所从事的为获取报酬或经营收入进行的活动
	D2 社会保障	社会保障是以国家或政府为主体,依据法律,通过国民收入的再分配,对公民在暂时或永久丧失劳动能力以及由于各种原因而导致生活困难时给予物质帮助,以保障其基本生活的制度。本质是追求公平,责任主体是国家或政府,目标是满足公民基本生活水平的需要,同时必须以立法或法律为依据。现代意义上的社会保障制度是工业化的产物,以 19 世纪 80 年代德国颁布并实施的一系列社会保险法令为标志,经历了发展、成熟、完善、改革等不同时期,各国根据各自的政治、经济和人口环境等因素,形成了各具特色的社会保障制度模式。中国社会保障制度主要包括社会保险、社会救助、社会优抚和社会福利等内容
	D3 个人收入	个人收入是指一年内个人得到的全部收入,包括工资性收入、租金收入、股利股息及社会福利等所取得的收入。 工资性收入指就业人员通过各种途径得到的全部劳动报酬,包括所从事的主要职业的工资以及从事第二职业、其他兼职和零星劳动得到的其他劳动收入
	D4 福利	福利是员工的间接报酬。一般包括健康保险、带薪假期、过节礼物或退休金等形式
	D5 公平	公平体现的是人们之间一种平等的社会关系,包括生存公平、产权公平和发展公平
	D6 房屋政策	房屋政策按房屋政策属性分类,主要分为廉租房、已购公房(房改房)、经济适用住房、住宅合作社集资建房等
E 文化和政治因素	E1 家庭	家庭是指婚姻关系、血缘关系或收养关系基础上产生的,亲属之间所构成的社会生活单位。 家庭成员通过语言或行动对家人进行关怀,提供家庭成员需要的服务、情感、信息等支持。 家庭结构是家庭中成员的构成及其相互作用、相互影响的状态,以及由这种状态形成的相对稳定的联系模式。 家庭关系亦称家庭人际关系,指家庭成员之间固有的特定关系,是联结家庭成员之间的纽带

续表

分类	种类	健康决定因素定义和内容
E 文 化 和 政 治 因 素	E2 社区因素	社会孤立不仅表现为"结构性社会支持"参与度下降，而且也体现在"功能性社会支持"方面。结构性社会支持是关于社会支持规模与频度的客观评价；而功能性社会支持是一种对社会支持质量的主观判断，即对他人提供的情感、工具和信息支持的感知反应。基于这样的定义，社会孤立是一种多维度概念，多形成于质量与数量上的社会支持缺失。 志愿团体的参与指志愿团体组织参与扶弱济困类、便民利民类、就业指导服务类、治安维稳类和环境保洁服务类的活动等。 文化风俗、传统习俗泛指一个国家、民族、地区中集居的民众所创造、共享、传承的风俗文化生活习惯，是在普通人民群众的生产生活过程中所形成的一系列非物质的产出。 犯罪是指触犯法律而构成罪行。 暴力是指不同的团体或个人之间，如不能用和平方法协调彼此的利益时，常会用强制手段以达到自己的目的。 歧视是一种违背正义原则的、不正当的区别对待，指某些人以优越群体成员的身份，不平等地对待另一群体成员的行为
	E3 政治因素	政治因素是指制度层面的规范准则和制度。 政策制度包括公共服务监督、公共服务法制、公共服务效率、政策制度保障、公共资源配置、政府廉政建设、公共政策制定等。 政治制度是统治阶级为实现阶级专政而采取的统治方式、方法的总和，包括国家政权的组织形式、国家结构形式、政党制度及选举制度等。由于国家的类型不同，或同一类型国家所处的具体历史条件不同，其政治制度也会有差异
	E4 文化因素	广义的文化因素指人类作用于自然界和社会的成果的总和，包括一切物质财富和精神财富。狭义的文化因素指意识形态所创造的精神财富，包括宗教、信仰、风俗习惯、道德情操、学术思想、文学艺术、科学技术、各种制度等

后　记

只有将理念变成具体的方法，才能更好地凸显其价值。浙江省在落实"把健康融入所有政策"的探索实践中，根据工作实际，持续修订完善《浙江省健康影响评价工作手册》，努力将健康影响评价工作程序化、具体化、标准化，以期能更好地指导全省开展健康影响评价工作。

2021年12月，在省委省政府健康浙江建设领导小组办公室（省健康办）的统一组织下，正式启动了本书的编写工作。省卫生健康委健康促进与评价处和省卫生健康监测与评价中心共同拟定了编写大纲。本书由浙江省卫生健康监测与评价中心和杭州师范大学共同承担具体编写工作，省健康办副主任、省卫生健康委副主任、一级巡视员夏时畅和姚强副主任作最终审定。国家卫生健康委规划司副司长吴翔天、中国健康教育中心主任李长宁、副主任吴敬、健康促进部卢永主任和钱玲博士、省卫生健康委健康处张新卫、章珏和省卫生健康监测与评价中心吴朝晖、杨海龄等相关领导和专家对编写工作进行了深入指导，并提出了详细的意见建议；省卫生健康监测与评价中心施敏、丁岚、徐波和杭州师范大学张萌、徐烟云、夏青云等参与了编写工作。在编写伊始，即邀请省内外专家讨论拟定基本内容；期间，经多轮讨论修改，形成手册评审稿，并组织相关专家召开评审研讨会。在此，谨向所有指导、参与、支持本书编写工作的领导、专家和有关部门单位工作人员表示衷心的感谢！

目前，国内健康影响评价工作尚处于探索发展阶段，基础研究相对匮乏，工作方法尚待成熟，手册中如有疏漏不当之处，敬请批评指正。

编　者

2022年11月15日